高等职业教育改革与创新新形态教材

可编程控制技术

主 编 陈 彦

副主编 陈砆兴

参 编 仇亚红 朱新恬

机械工业出版社

本书以西门子 S7-1200 可编程控制器为设备载体，将可编程控制技术的基本概念、软件开发工具、常用控制指令、程序编写思路、系统调试方法和常用控制器件应用等理论知识和操作技能贯彻在 12 个学习项目中。各项目任务针对性强，学习内容图文并茂，体现了知识的系统性、技术的针对性和技能的实用性，突出了以学生为中心、任务驱动、问题导向的学习思路。全书由浅入深、由易到难、由基础到综合，层次分明，循序渐进，特别适合初学者学习使用。

本书可作为高职高专电气自动化技术、机电一体化技术等相关专业的"可编程控制技术"课程教材，也可作为相关工程技术人员的参考用书。

为方便教学，本书配有电子课件、习题检测答案、模拟试卷及答案等教学资源，凡选用本书作为授课教材的教师，均可通过 QQ（2314073523）咨询，同时，将相关动画、视频资源以二维码的形式嵌入书中，读者可扫描书中二维码查看相应资源。

图书在版编目（CIP）数据

可编程控制技术 / 陈彦主编 . —北京：机械工业出版社，2023.6
高等职业教育改革与创新新形态教材
ISBN 978-7-111-73232-7

Ⅰ . ①可…　Ⅱ . ①陈…　Ⅲ . ①可编程序控制器 – 高等职业教育 – 教材
Ⅳ . ① TM571.61

中国国家版本馆 CIP 数据核字（2023）第 093704 号

机械工业出版社（北京市百万庄大街 22 号　邮政编码 100037）
策划编辑：曲世海　　　　　　　　　责任编辑：曲世海　苑文环
责任校对：丁梦卓　刘雅娜　陈立辉　封面设计：严娅萍
责任印制：郜　敏
北京富资园科技发展有限公司印刷
2024 年 1 月第 1 版第 1 次印刷
184mm×260mm · 15.75 印张 · 359 千字
标准书号：ISBN 978-7-111-73232-7
定价：49.00 元

电话服务　　　　　　　　网络服务
客服电话：010-88361066　机 工 官 网：www.cmpbook.com
　　　　　010-88379833　机 工 官 博：weibo.com/cmp1952
　　　　　010-68326294　金 书 网：www.golden-book.com
封底无防伪标均为盗版　　机工教育服务网：www.cmpedu.com

前　言

随着工业生产自动化水平的快速提升，经济社会对自动化类工程技术人才的数量需求持续增加，质量要求不断提高。可编程控制器因其优越的工作性能特点，在自动控制领域得到了广泛应用，掌握可编程控制技术方面的知识和技能已经成为自动控制类工程技术人员的核心能力要求。

西门子 S7-1200 PLC 是西门子公司推出的全新小型控制器，采用了模块化设计方案，可根据实际控制系统需要选择相应的功能模块灵活组合，集成了 PROFINET 接口，支持小型运动控制系统、过程控制系统等高级应用功能，代表了新一代可编程控制器的发展方向。

全书共 12 个项目。项目 1 介绍了 S7-1200 的功能特点和主要部件的安装；项目 2 通过电动机正反转控制介绍了 TIA 博途软件的使用和基本的触点线圈指令；项目 3 通过抢答器控制介绍了置位和复位指令等；项目 4 通过三级运输带控制介绍了定时器的使用和 TIA 博途软件的监控和仿真功能；项目 5 通过两种液体混合搅拌控制系统介绍了计数器的使用和顺序控制程序设计方法；项目 6 通过交通信号灯控制系统介绍了比较指令和数据运行指令的使用；项目 7 通过星形 – 三角形运行控制介绍了程序块结构的使用；项目 8 通过恒温烘干系统控制介绍了模拟量的处理和 PID 控制方法；项目 9 通过行走机械手系统控制介绍了轴工艺指令的应用；项目 10 HMI 人机界面的设计与编程通过实例介绍了组态与 PLC 的通信方法；项目 11 G120 变频器的调试与控制程序编写介绍了变频器的操作及运行控制技术；项目 12 通过 PLC 技术、HMI 技术和变频控制技术的综合应用，旨在提高学习者使用可编程控制器解决实际问题的综合能力。

本书由陈彦担任主编，并负责编写项目 1～项目 4 和项目 10，陈砆兴担任副主编，并负责编写项目 11、项目 12，仇亚红编写项目 5、项目 6 和项目 9，朱新恬编写项目 7 和项目 8。在编写本书的过程中，得到了杭州科技职业技术学院金文兵教授、沈阳师范大学徐涵教授和莫特麦克唐纳咨询（北京）有限公司王晓燕的全力指导和支持，在此表示衷心感谢！

由于编者水平有限，书中难免有疏漏之处，敬请广大读者批评指正！

编　者

目 录

项目 1

西门子 S7-1200 PLC 的组装

一、学习目标

1. 描述 PLC 的基本概念。
2. 列举西门子系列 PLC 典型产品的型号。
3. 组装 SCE-PLC01 型 PLC 实训设备的基本模块。
4. 搭建基本 PLC 控制系统硬件。
5. 接受以小组为单位的学习方式，树立工具、设备使用的安全意识。
6. 形成良好的思想道德修养和职业道德素养。

二、项目描述

某设备因改造升级，需要增加一个智能控制器，其型号为 SIMATIC S7-1214C DC/DC/DC，其附属模块有两个，型号分别为 SB1231 AQ1×12bit 和 SM1222RLY。请查询相关技术手册，获取该控制器的相关知识，掌握其组装和接线的技术要求，按照安装规范将其组装起来，固定在控制电柜上，并完成电源线路的安装。

三、相关知识和关键技术

3.1 相关知识

3.1.1 可编程控制器的基本概念

可编程控制器（Programmable Logic Controller，PLC）是一种专门为在工业环境下应用而设计的数字运算电子装置。它采用可以编制程序的存储器，用来在其内部存储执行逻辑运算、顺序运算、计时、计数和算术运算等操作的指令，并能通过数字式或模拟式的输入和输出控制各种类型的机械或生产过程。

3.1.2 可编程控制器的产生与发展

1969 年，美国数字设备公司（DEC）研制出第一台可编程控制器，用于通用汽车公司的生产线，取代了生产线上的继电器 - 接触器控制系统，开创了工业控制的新纪元。1971 年，日、德、英、法等国相继开发了适于本国的可编程控制器，并推广使用。1974 年，我国也开始研制生产可编程控制器。早期的可编程控制器是为取代继电器－接触器控制系统而设计的，用于开关量控制，具有逻辑运算、计时、计数等顺序控制功能，故称之为可编程逻辑控制器。

随着微电子技术、计算机技术及数字控制技术的高速发展，到 20 世纪 80 年代末，PLC 技术已经很成熟，并从开关量逻辑控制扩展到计算机数字控制（CNC）等领域。近年生产的 PLC 在处理速度、控制功能、通信能力等方面均有新的突破，并向电气控制、仪表控制、计算机控制一体化方向发展，性能价格比不断提高，已成为工业自动化的支柱之一。当今的可编程控制器的功能已不限于逻辑运算，具有了连续模拟量处理、高速计数、远程输入 / 输出和网络通信等功能。国际电工委员会（IEC）将可编程逻辑控制器改称为可编程控制器 PC（Programmable Controller）。后来由于发现其简写与个人计算机（Personal Computer）相同，所以沿用了 PLC 的简称。

目前，在世界先进工业国家，PLC 已经成为工业控制的标准设备，它的应用几乎覆盖了所有的工业企业。PLC 技术已经成为当今世界的潮流，成为工业自动化的三大支柱（PLC 技术、机器人、计算机辅助设计和制造）之一。

3.1.3 可编程控制器的特点

1. 可靠性高、抗干扰能力强

PLC 是专为工业控制而设计的，可靠性高、抗干扰能力强是其最重要的特点之一。硬件方面，PLC 主要采用隔离、滤波和屏蔽等手段，有效实现了抗干扰。软件方面，PLC 主要采用设置故障检测、诊断程序、状态信息保存等功能实现了工作可靠性。通常，PLC 的平均故障间隔时间可达几十万小时。

2. 编程简单、易于掌握

考虑到企业中一般电气技术人员和技术工人的读图习惯和应用微型计算机的实际水平，目前大多数的 PLC 都沿用了继电器－接触器控制系统的梯形图编程方式。这是一种面向生产、面向用户的编程方式，更容易被操作人员所接受并掌握。通过阅读 PLC 的使用手册或短期培训，电气技术人员可以很快熟悉梯形图语言，并用其编制一般的用户程序。

3. 设计、安装容易，维护工作量少

由于 PLC 已实现了产品的系列化、标准化和通用化，因此，用 PLC 组成的控制系统在设计、安装、调试和维护等方面，表现出了明显的优越性。PLC 软件功能的使用取代了传统继电器等硬件，使控制柜的设计、安装接线工作量大大减少。PLC 的用户程序大部分可以在实验室进行模拟调试，模拟调试好后再将 PLC 控制系统安装到生产现场，进行联机调试，这大大缩短了应用设计和调试周期。在用户维修方面，由于 PLC 本身的故障率极低，并且具有完善的诊断和显示功能，可以迅速地查明原因，维修极为方便。

4. 功能强、通用性好

PLC 运用了计算机、电子技术和集成工艺的最新技术，在硬件和软件两方面不断发展，使其具备很强的信息处理能力和输出控制能力，并且随着适应各种控制需要的智能功能模块和通信与联网功能的不断提高，现代 PLC 在数字运算、数据处理、通信联网、生产过程监控等方面的功能日趋完善。

3.1.4　可编程控制器的应用

目前，PLC 在国内外已广泛应用于钢铁、石油、化工、电力、建材、机械制造、汽车、轻纺、交通运输、环保以及文化娱乐等各行各业。其应用范围不断扩大，大致可归结为以下几类。

1. 开关量的逻辑控制

这是 PLC 最基本、最广泛的应用领域。它取代传统的继电器 – 接触器控制系统，实现逻辑控制、顺序控制，可用于单机控制、多机群控制、自动化生产线的控制等，例如注塑机、印刷机械、订书机械、切纸机械、组合机床、磨床、生产线、电镀流水线等。

2. 位置控制

大多数型号的 PLC 目前都提供步进电动机或伺服电动机的单轴或多轴位置控制模块。这一功能可广泛用于各种机械设备，如金属切削机床、金属成型机床、装配机械、机器人和电梯等。

3. 过程控制

过程控制是指对温度、压力、流量等连续变化的模拟量的闭环控制。PLC 通过模拟量 I/O 模块，实现模拟量与数字量之间的 A/D、D/A 转换，并对模拟量进行闭环 PID 控制。

4. 数据处理

现代 PLC 具有数学运算、数据传递、转换、排序和查表、位操作等功能，还能完成数据的采集、分析和处理等数据处理操作。

5. 通信联网

PLC 的通信包括 PLC 与 PLC、PLC 与上位机、PLC 与其他智能设备之间的通信。PLC 系统与通用计算机可以直接通过通信处理单元、通信转接器相连构成网络，以实现信息的交换，并可构成"集中管理、分散控制"的分布式控制系统，满足工厂自动化（FA）系统发展的需要。

3.1.5　市场上主流的可编程控制器

目前，世界上有 300 多家 PLC 厂商，1000 多种 PLC 产品，市场占有率较高的品牌有德国的西门子，日本的三菱、欧姆龙，法国的施耐德，美国的罗克韦尔等。21 世纪以来，我国的可编程序控制器进入了快速发展阶段，目前国产 PLC 厂商众多，主要集中于北京、浙江、江苏、深圳和台湾地区，主要有北京和利时、浙江浙大中控、江苏信捷和台湾地区的永宏、台达等品牌。常见可编程控制器外形及品牌标识如图 1-1 所示。

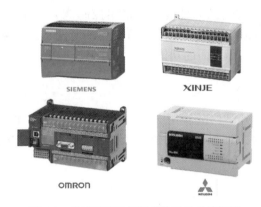

图 1-1　常见可编程控制器外形及品牌标识

3.1.6　西门子系列可编程控制器

西门子公司（SIEMENS）生产的系列可编程序控制器具有很高的性价比，在我国的市场占用率很高，在冶金、化工、印刷生产线等领域都有广泛的应用。西门子公司的可编程控制器产品主要包括 LOGO！、S7-200CN、S7-1200、S7-300、S7-400、S7-1500 等型号。西门子可编程控制器系列型号及性能定位如图 1-2 所示。

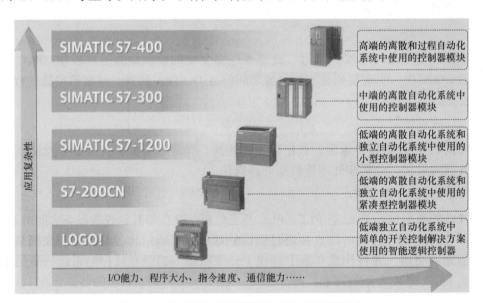

图 1-2　西门子可编程控制器系列型号及性能定位

SIMATIC S7-1200 可编程控制器是西门子公司推出的全新小型化控制器，可实现简单却高度精确的自动化任务。S7-1200 采用了模块化设计方案，可根据实际控制系统的需要选择相应功能模块灵活组合，可伸缩性强，使用方便。S7-1200 集成了PROFINET 接口，支持小型运动控制系统、过程控制系统等高级应用功能，适用于多种应用场所的自动控制需求，代表了新一代可编程控制器的发展方向。

3.1.7　SIMATIC S7–1200 的硬件结构

S7–1200 主要由 CPU 模块、信号板、信号模块、通信模块等组成，各种模块安装在标准 DIN 导轨上。S7–1200 的硬件组成具有高度的灵活性，用户可以根据自身需求确定 PLC 的结构，系统扩展十分方便。

1. CPU 模块

CPU 相当于人的大脑，它不断地采集输入信号，执行用户程序，刷新系统的输出，存储器用来储存程序和数据。S7–1200 的 CPU 模块将微处理器、电源、数字量输入 / 输出电路、模拟量输入 / 输出电路、PROFINET 以太网接口、高速运动控制功能整合到一个设计紧凑的外壳中。CPU 的上表面预留了一个卡槽安装位置，可以安装一块信号板，安装以后不会改变 CPU 的外形和体积。S7–1200 CPU 的外观如图 1-3 所示。

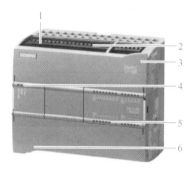

图 1-3　S7–1200 CPU 的外观

1—电源接口　2—接线连接器　3—存储卡插槽　4—运行状态 LED 指示灯　5—板载输入 / 输出状态 LED 指示灯
6—集成以太网口（PROFINET 连接器）

① 电源接口：用于向 CPU 模块提供电源，有交流和直流供电两种类型。

② 接线连接器：也称为接线端子，位于上下两侧保护盖的下面。接线连接器可拆卸，便于 CPU 模块的安装和维修。

③ 存储卡插槽：位于上部保护盖下面，用于安装 SIMATIC 存储卡。

④ 运行状态 LED 指示灯：设有 SOTP/RUN、ERROR、MAINT 三个不同颜色（红、黄、绿）的指示灯，通过各灯的亮灭及闪烁指示 CPU 的不同工作状态，具体说明见表 1-1。

⑤ 板载输入 / 输出状态 LED 指示灯：通过指示灯的点亮（绿色）和熄灭指示各输入 / 输出的状态。

⑥ 集成以太网口（PROFINET 连接器）：位于 CPU 底部，用于程序下载、设备组网。

表 1-1　S7–1200 各型号 CPU 的工作状态

说明	SOTP/RUN（黄色 / 绿色）	ERROR（红色）	MAINT（黄色）
断电	灭	灭	灭
启动、自检或固件更新	黄绿交替闪烁	—	灭

（续）

说明	SOTP/RUN（黄色/绿色）	ERROR（红色）	MAINT（黄色）
停止模式	亮黄色	—	—
运行模式	亮绿色	—	—
取出存储卡	亮黄色	—	闪烁
请求维护（强制I/O、需要更换电池等）	亮黄色或亮绿色	—	亮
硬件出现故障	亮黄色	亮	灭
LED测试或固件出现故障	黄绿交替闪烁	闪烁	闪烁
CPU组态版本未知或不兼容	亮黄色	闪烁	闪烁

　　S7–1200目前有4种CPU型号，分别是CPU1211C、CPU1212C、CPU1214C和CPU1215C，各型号参数比较见表1-2。

表 1-2　S7–1200 各 CPU 型号的参数比较

CPU 的功能	CPU 的型号			
	CPU1211C	CPU1212C	CPU1214C	CPU1215C
本机数字量	6输入/4输出	8输入/6输出	14输入/10输出	14输入/10输出
本机模拟量	2输入	2输入	2输入	2输入/2输出
扩展模块数	—	2	8	8
高速计数器数	3（总计）	4（总计）	6（总计）	6（总计）
集成/可扩展的工作寄存器	25KB/不可扩展	25KB/不可扩展	50KB/不可扩展	100KB/不可扩展
集成/可扩展的转载寄存器	1MB/24MB	1MB/24MB	2MB/24MB	2MB/24MB
单向计数器	3个100kHz	3个100kHz 1个30kHz	3个100kHz 3个30kHz	3个100kHz 3个30kHz
正交计数器	3个80kHz	3个80kHz 1个30kHz	3个80kHz 3个30kHz	3个80kHz 3个30kHz
输出脉冲	1个（100kHz/DC输出或1Hz/RLY输出）			
脉冲同步输入数	6	8	14	14
延时/循环中断	总计4个，分辨力为1ms			
边沿触发中断	6个上升沿 6个下降沿	8个上升沿 8个下降沿	12个上升沿 12个下降沿	12个上升沿 12个下降沿
实时时钟精度	±60s/月			
PROFINET	1个接口			2个接口
实时时钟保持时间	典型10天/最低6天（40℃）			
数学运算速度	2.3μs/条指令			
布尔运行速度	0.08μs/条指令			

S7-1200 各 CPU 型号又有不同的细分规格，如 1214C 有 DC/DC/DC、DC/DC/RLY、AC/DC/RLY 三种不同的细分规格，其细分规格含义如图 1-4 所示，三种规格的工作参数见表 1-3。

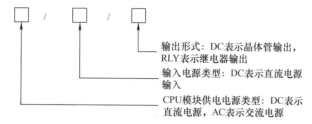

输出形式：DC 表示晶体管输出，RLY 表示继电器输出

输入电源类型：DC 表示直流电源输入

CPU 模块供电电源类型：DC 表示直流电源，AC 表示交流电源

图 1-4　S7-1200 各 CPU 型号细分规格的含义

表 1-3　S7-1200 三种规格的工作参数

细分规格	电源	DI 输入电压	DQ 输出电压	DQ 输出电流
DC/DC/DC	DC 24V	DC 24V	DC 24V	0.5A，MOSFET
DC/DC/RLY	DC 24V	DC 24V	DC 5～30V AC 5～250V	2A，DC 30W/AC 200W
AC/DC/RLY	AC 85～264V	DC 24V	DC 5～30V AC 5～250V	2A，DC 30W/AC 200W

2. 信号板

信号板（SB）用于只需少量附加输入 / 输出（I/O），又不增加硬件安装空间的情况。目前信号板有多种型号，主要包括数字量输入、数字量输出、数字量输入 / 输出、模拟量输入和模拟量输出等类型，其工作参数见表 1-4。信号板可直接插入 S7-1200CPU 正面的槽内，其外形如图 1-5 所示。

图 1-5　信号板的外形

表 1-4　S7-1200 信号板的工作参数

SB1221 DC 200kHz	SB1222 DC 200kHz	SB1223 DC/DC 200kHz	SB1231	SB1232
DI 4×24V DC	DQ 4×24V DC	DI 2×24V DC DQ 2×24V DC	AI 1×12bit 2.5V、5V、10V 0～20mA	AQ 1×12bit DC ±10V/ 0～20mA
DI 4×5V DC	DQ 4×5V DC	DI 2×5V DC DQ 2×5V DC	AI 1×RTD	2A，DC 30W/ AC 200W
—	—	—	AI 1×TC	2A，DC 30W/ AC 200W

3. 信号模块

相对于信号板来说，信号模块（SM）可以为 CPU 扩展更多的输入 / 输出点数。信号模块包括数字量输入模块（简称 DI）、数字量输出模块（简称 DQ）、模拟量输入模块（简称 AI）和模拟量输出模块（简称 AQ），其工作参数见表 1-5。信号模块安装在 CPU 模块的右侧，扩展能力最强的 CPU 最多可以扩展 8 个信号模块。信号模块的外形如图 1-6 所示。

表 1-5　S7-1200 信号模块的工作参数

信号模块	SM 1221 DC		—	—
数字量输入信号模块	DI 8 × 24V DC	DI 16 × 24V DC	—	—
	SM 1222 DC		SM 1222 RLY	
数字量输出	DQ 8 × 24V DC 0.5A	DQ 16 × 24V DC 0.5A	DQ 8 × RLY DC 30V/ AC 250V 2A	DQ 16 × RLY DC 30V / AC 250V 2A
信号模块	SM 1223 DC/DC		SM 1223 DC/RLY	
数字量输入 / 输出	DI 8 × 24V DC/DQ 8 × 24V DC 0.5A	DI 16 × 24V DC/DQ 16 × 24V DC 0.5A	DI 8 × 24V DC/DQ 8 × RLY DC 30V / AC 250V 2A	DI 16 × 24V DC/DQ 16 × RLY DC 30V / AC 250V 2A
信号模块	SM 1231 AI		—	—
模拟量输入	AI 4 × 13bit DC ± 10V/ 0 ~ 20mA	AI 8 × 13bit DC ± 10V/ 0 ~ 20mA	—	—
信号模块	SM 1232 AQ		—	—
模拟量输出	AI 2 × 14bit DC ± 10V/ 0 ~ 20mA	AI 4 × 14bit DC ± 10V/ 0 ~ 20mA	—	—
信号模块	SM 1234 AI/AQ		—	—
模拟量输入 / 输出	AI 4 × 13bit DC ± 10V/ 0 ~ 20mA AI 2 × 14bit DC ± 10V/ 0 ~ 20mA		—	—

4. 通信模块

通信模块安装在 CPU 模块的左边，最多可以添加 3 块通信模块，可以使用点对点通信模块、PROFIBUS 模块、工业远程通信模块、AS-i 接口模块和 I/O-Link 模块。通信模块的外形如图 1-7 所示。

图 1-6　信号模块的外形

图 1-7　通信模块的外形

3.1.8　SIMATIC S7-1200 的外部接线

1. CPU 供电电源接线

由于 S7-1200 CPU 细分规格的不同，其供电电源的类型和电压等级的要求也不相同。每种 CPU 型号都有 DC 24V 和 AC 120 ~ 240V 两种电源供电模式，供电电源接线如图 1-8 所示。

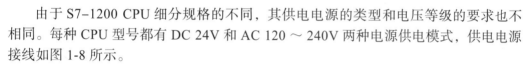

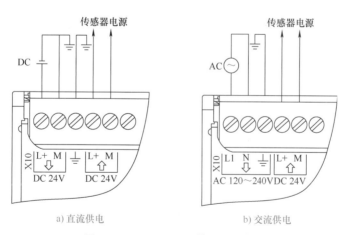

a) 直流供电　　　　　　　　　　b) 交流供电

图 1-8　S7-1200 CPU 供电电源接线

在 S7-1200 CPU 单元的内部集成有一个 DC 24V 的传感器电源，它负责为外部传感器、本机输入点、输出线圈和扩展模块提供电源。

注意：如果要求的负载电流大于该电源的额定值，应增加一个外加电源，且外加电源不能和 CPU 的集成电源并联，相关参数需参考 S7-1200 可编程控制器系统技术手册。

2.传感器与数字量输入接线

    PLC 是通过输入／输出接口和外界进行信息交互的，输入点要面对的传感器种类是多样的，因此，S7-1200 的直流输入电路采用了双向导通的光电耦合电路。采用源型接法与 PNP 型传感器连接时的电路原理如图 1-9a 所示，采用漏型接法与 NPN 型传感器连接时电路原理如图 1-9b 所示。在进行外部接线时，源型接法需要把公共端 1M 接到直流 24V 电源的负极，漏型接法需要把公共端 1M 接到直流 24V 电源的正极，接线图如图 1-10 所示。

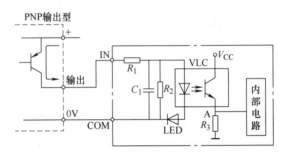

a) PNP 型传感器源型接法

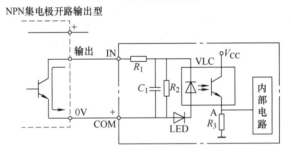

b) NPN 型传感器漏型接法

图 1-9　S7-1200 的直流输入电路原理图

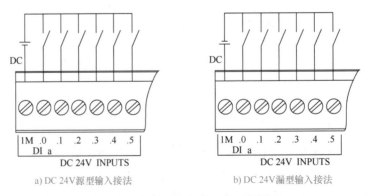

a) DC 24V源型输入接法　　　　　　　　b) DC 24V漏型输入接法

图 1-10　S7-1200 的直流输入接线图

3. 数字量输出接线

S7-1200 的直流输出有晶体管和继电器输出两种类型。晶体管输出时，只有 200kHz 的信号板既支持源型输出又支持漏型输出，其他信号板、信号模块和 CPU 集成的晶体管都只支持源型输出，其接线图如图 1-11 所示。继电器输出时，每个输出点的继电器通过其机械常开触点实现对外部电源和负载通路的控制，可驱动 250V/2A 以下交直流负载，接线图如图 1-12 所示。

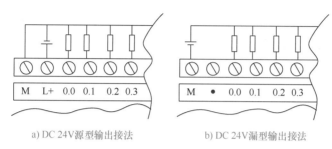

a) DC 24V源型输出接法　　　　　　b) DC 24V漏型输出接法

图 1-11　S7-1200 的晶体管输出接线图

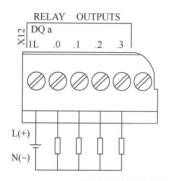

图 1-12　S7-1200 的继电器输出接线图

4. CPU 外部接线举例

直流 24V 电源供电、源型输入、晶体管输出的 CPU1214C DC/DC/DC 外部设备的接线图如图 1-13 所示。

交流 220V 电源供电、源型输入、继电器输出的 CPU1214C AC/DC/RLY 外部设备的接线图如图 1-14 所示。

3.1.9　西门子 SCE-PLC01 可编程控制技术实训装置

SCE-PLC01 可编程控制技术实训装置是西门子工厂自动化工程有限公司设计制造的主要 PLC 应用技术实训装置之一。该装置以 S7-1200 为核心控制器件，主要包括 PLC 单元、电源单元、输入/输出单元、智能被控对象单元、变频器单元、触摸屏单元、软起动器单元、三相异步电动机、典型工业模型等模块。各单元均采用模块化结构，可以方便地安装在实训工作台的模块安装卡槽内。其整体外观如图 1-15 所示。

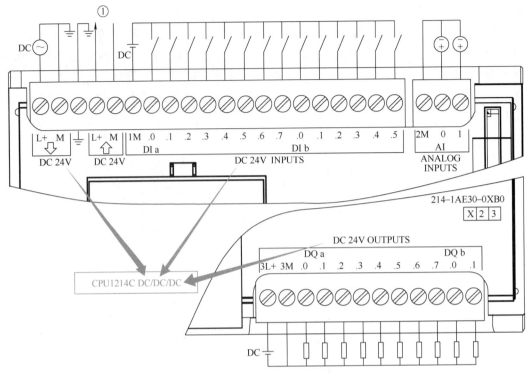

图 1-13　CPU1214C DC/DC/DC 外部设备接线图

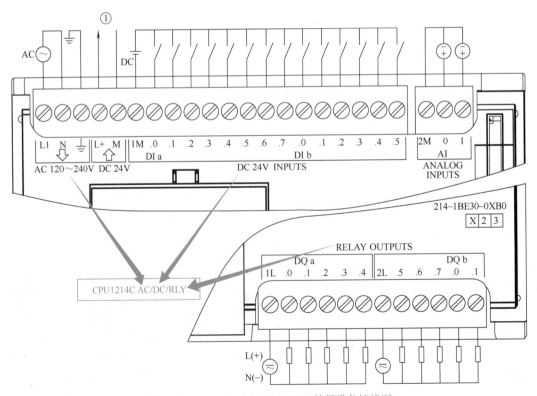

图 1-14　CPU1214C AC/DC/RLY 外部设备接线图

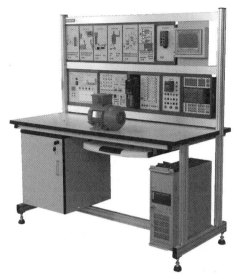

图 1-15　西门子 SCE-PLC01 可编程控制技术实训装置整体外观

3.2　关键技术

3.2.1　S7-1200 硬件的安装与固定

1. 安装与拆卸 CPU

1）准备好安装工具，将导轨按照每隔 75mm 的间距依次固定到安装板上，如图 1-16a 所示。

2）将 CPU 挂到 DIN 导轨上方。

3）拉出 CPU 下方的 DIN 导轨卡夹，以便将 CPU 安装到导轨上。

4）向下转动 CPU，使其在导轨上就位，如图 1-16b 所示。

5）推入卡夹，将 CPU 锁定到导轨上。

a) 安装准备　　　　　　　　b) 转动CPU卡入导轨

图 1-16　S7-1200 CPU 硬件安装示意图

2. 安装信号模块 SM

1）卸下 CPU 右侧的连接器盖。将一字螺钉旋具插入连接器盖上方的插槽中，将其上方的连接器盖轻撬出并卸下，收好以备再次使用，如图 1-17a 所示。

13

2）将 SM 挂到 DIN 导轨上方，拉出下方的 DIN 导轨卡夹，以便将 SM 安装到导轨上。

3）向下转动 CPU 的 SM，使其就位，并推入下方的卡夹，将 SM 锁定到导轨上。

4）伸出总线连接器，为信号模块建立机械和电气连接，如图 1-17b 所示。

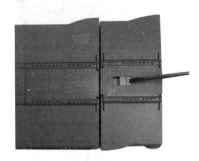

a) 卸下CPU 连接器盖   b) 伸出总线连接器

图 1-17　S7-1200 CPU 信号模块安装示意图

3. 安装与拆卸信号板 SB

1）将螺钉旋具插入 CPU 上部接线盒盖背面的插槽中。

2）轻轻将盖撬起，并从 CPU 上卸下。

3）将 SB 放入 CPU 上表面预留的安装位置。

4）用力下压 SB，使其卡紧就位。

5）重新装上端子板盖子。

3.2.2　西门子 SCE-PLC01 实训装置模块及线路连接

1. 认识实训装置 PLC 单元模块

1）工艺设计。PLC 单元模块采用铁质外壳、标准尺寸，独立成模块，完整嵌入实验屏，可在实验屏上自由移动、组合、装卸，其 I/O 接口开放，并提供误接线保护功能。

2）资源配置。

①1 个 1214C 紧凑型 CPU DC/DC/DC，集成输入 / 输出：14 DI 24V 直流输入、10 晶体管输出 DC 24V、2 模拟量输入 DC 0 ～ 10V 或 0 ～ 20mA。

②1 个模拟量输出信号板 SB1231、1 路模拟量输出、DC ±10V（12 位）或 0 ～ 20mA（11 位）。

③1 块数字量输入 / 输出模块 SM1223，带 8 输入 DC 24V /8 输出继电器。

④供电：DC 20.4 ～ 28.8V。

⑤可编程数据存储区：50KB。

3）PLC 单元模块外观如图 1-18 所示。

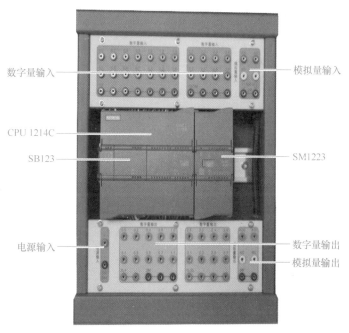

图 1-18 实训装置 PLC 单元模块外观

4）使用说明：PLC 单元含有熔断器，安装在面板背面，如检测后发现线路不通，需及时更换；供电形式为直流 24V，设备中一律使用外接电源，PLC 自己提供的 24V 电源不再使用，请注意外接电源的供电类型。接线原则是：红色的电源台阶插座接 24V，黑色的电源台阶插座接 0V，蓝色的台阶插座为 PLC 的数字量输入，绿色的台阶插座为 PLC 的数字量输出，黄色的台阶插座为 PLC 的模拟量输入 / 输出。

2. 认识实训装置电源模块

1）工艺设计。电源模块采用铁质外壳、标准尺寸，独立成模块，完整嵌入实验屏，可在实验屏上自由移动、组合、装卸。

2）资源配置。

① 1 个带漏电保护的 4P20A 断路器。

② 1 个 SITOP 电源 PSU100S，输入电压为 AC 120/230V，输出电压为 DC 24V/5A。

③ 1 个 10A 九孔插座。

④ 2 套安全台阶插座。

⑤ 船型开关。

3）外观如图 1-19 所示。

4）使用说明：进行线路连接时，应使断路器处于断开状态，线路连接完毕后闭合断路器，闭合直流电源开关。如果直流侧发生短路，直流电源会自动保护，这时，只需将直流电源开关断开，等待 2min，待保护电路放电完毕，闭合直流电源开关即可重新工作。如果直流电源熔断器烧毁，更换熔断器时须切断断路器。

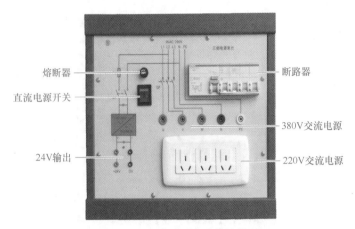

图 1-19　实训装置电源模块外观

四、工作任务

任务名称	任务 1-1：S7-1200 硬件的安装与固定		
小组成员	组长：　　　　　　　　　　　　成员：		
任务环境	主要设备 / 材料		主要工具
任务环境	1）SIMATIC S7-1214C DC/DC/DC 2）SB1231 AQ1×12bit 3）SM1222RLY 4）DIN 导轨、扁头螺钉、安装木板		1）划线笔 2）钢直尺 3）一字螺钉旋具 4）十字螺钉旋具
参考资料	教材、任务单、PLC1200 技术手册		
任务要求	1）制订安装工作方案 2）按照方案安装 S7-1200 各部件 3）检查安装成果是否达标并进行改进 4）记录工作过程，进行学习总结和学习反思 5）规范操作，确保工作安全和设备安全 6）注重团队合作，组内协助完成作业任务 7）保持工作环境整洁		
工作过程	1）小组讨论，确定人员分工，小组协作完成工作任务 2）查阅资料，小组讨论，确定工作方案 3）按照工作方案，在安装板上划线，确定合理的安装位置 4）使用木螺钉将 DIN 导轨紧固在安装板上 5）将 S7-1214C 安装到 DIN 导轨上 6）将 SM1222RLY 安装到 DIN 导轨上，并使用总线连接器与 CPU 模块进行连接 7）将 SM1222RLY 安装到 CPU 模块上的安装插槽中 8）按照检查表，检查安装成果是否达标 9）对安装不正确或不规范的地方进行改进 10）小组讨论，总结学习成果，反思学习不足 11）工作结束，整理保存相关资料 12）清理工位，复原设备模块，清扫工作场地		
注意事项	1）文明作业，爱护实训设备 2）规范操作，重视操作安全 3）合作学习，注重团队协作 4）及时整理，保持环境整洁 5）总结反思，持续改进提升		

任务名称	任务 1-2：西门子 SCE-PLC01 实训装置模块及线路连接	
小组成员	组长：　　　　　　　　　　　成员：	
任务环境	**主要设备 / 材料**	**主要工具**
	1）SCE-PLC01 实训装置 2）实训装置电源模块 3）实训装置 PLC 模块 4）实训装置 2# 连接导线	1）铅笔（2B） 2）直尺（300mm） 3）绘图橡皮 4）数字万用表
参考资料	教材、PLC1200 技术手册、SCE-PLC01 PLC 控制技术实训装置使用手册	
任务要求	1）绘制接线图，制订接线工作方案 2）使用万用表测量电源电压 3）按照接线图进行电源接线 4）检查接线结果是否达标并进行改进 5）送电观察 PLC 的工作情况 6）规范操作，确保工作安全和设备安全 7）记录工作过程，进行学习总结和学习反思 8）注重团队合作，组内协助完成工作 9）保持工作环境整洁，形成良好的工作习惯	
工作过程	1）小组讨论，确定人员分工，小组协作完成工作任务 2）查阅资料，小组讨论，确定工作方案，绘制模块接线图 3）观察装置，确保各部件安装到位，电源接入安全，导线无裸露 4）合闸送电，使用万用表测量 AC 380V、AC 220V、DC 24V 电源，确保输出正常 5）断开电源模块各送电开关，准备 2# 连接线 6）按规范使用不同颜色导线，将 PLC 电源、L、M 等输入 / 输出公共端接入电源 7）逐一核对接线是否正确，并整理线路，确保线路整齐 8）合闸送电，观察 PLC 运行指示灯是否正常，如有故障尽快停电检修 9）按照检查表，检查安装成果是否达标 10）对安装不正确或不规范的地方进行改进 11）小组讨论，总结学习成果，反思学习不足 12）工作结束，整理保存相关资料 13）清理工位，复原设备模块，清扫工作场地	
注意事项	1）规范操作，确保人身安全和设备安全 2）仔细核对，杜绝因电源接入错误造成不可逆转的严重后果 3）合作学习，注重团队协作，分工配合，共同完成工作任务 4）分色接线，便于查故检修，降低误接事故概率 5）及时整理，保持环境整洁，保证实训设备持续稳定使用	

"可编程控制技术"课程学习结果检测表

任务名称	任务 1-1：S7-1200 硬件的安装与固定	
检测内容		**是否达标**
材料准备	自攻螺钉规格为 M3.5×15mm，大扁头	
	DIN 导轨规格为 35mm×（200～230mm）	
	DIN 导轨切割面倒角无毛刺	
	螺钉旋具（一字）规格为 LC2.5-75 或 LC2.5-100	
	螺钉旋具（十字）规格为 LC5-75 或 LC5-50	
	划线工具：钢直尺（300～550mm）	
	划线工具：划线笔（0.9～1.0）或 2B 铅笔削尖	
	细木工板规格：板厚 18～22mm/ 面积（450mm±50mm）×（550mm±50mm）	
	PLC 模块 S7-1214C DC/DC/DC、SB1231 AQ1×12bit、SM1222RLY 完好	
模块安装结果	安装划线距安装板上边沿距离为 300～350mm，位置符合要求	
	正确使用螺钉旋具将扁头自攻螺钉旋入安装板中，螺钉平压导轨无倾斜	
	导轨上边沿与安装线平齐	
	CPU 下方的 DIN 导轨卡夹卡固到位，CPU 安装无松动	
	信号模块下方的 DIN 导轨卡夹卡固到位，信号模块安装无松动	
	信号模块通过总线连接器与 CPU 可靠连接，且盖上连接端盖	
	信号板平整安装于 CPU 模块上的安装插槽中	
模块安装过程	安装前进行了小组讨论，制订了详细的工作方案	
	正确使用螺钉旋具进行螺钉旋紧作业，扁头螺钉十字槽无扭损	
	正确使用螺钉旋具插卸部件端盖，未造成器件壳体损伤	
	正确使用螺钉旋具插起器件上的导轨卡扣，未造成器件卡扣损伤	
	卡固器件至导轨时，按压力度均匀、适度，未造成器件机械损伤	
	节约使用材料，未造成多余材料损耗	
	操作过程规范，器件摆放整齐，工位整洁	

"可编程控制技术"课程学习结果检测表		
任务名称	任务 1-2：西门子 SCE-PLC01 实训装置模块及线路连接	
检测内容		是否达标
材料准备	实训装置整机完好，供电正常	
	实训装置 PLC 模块、电源模块外观完好，无损伤	
	实训装置 2# 连接线红、黑、蓝、绿各 15 根，外观完好，无机械损伤	
	绘图工具可正常使用	
	数字万用表外观完好，检测功能正常，表笔绝缘层无损伤	
模块接线过程	接线前进行了小组讨论，制订了详细的工作方案	
	接线前绘制了接线原理图，并经教师检验正确	
	接线前对实训装置进行了目视检查，各部件安装到位，无安全隐患	
	接线前使用万用表对电源模块进行了测量检查，电源输出电压正常	
	接线过程中全程断开电源交、直流供电开关，确保在断电状态下接线	
	接线结束后仔细核对接线情况，确保实际接线与接线原理图一致	
	送电前经教师检查线路，正确后进行送电	
	送电后 PLC 运行指示灯亮绿色指示	
	操作过程规范，器件摆放整齐，工位整洁	
模块接线结果	接线图正确、规范、美观	
	PLC 模块的"+"端和"−"端分别接入电源模块的"24V"端和"0V"端	
	PLC 模块的"1L"端和"3L"端均接入电源模块的"24V"端	
	PLC 模块的"1M"端和"3M"端均接入电源模块的"0V"端	
	所有接入"24V"端的线均选用红色线	
	所有接入"0V"端的线均选用黑色线	
	级联接入统一接线端的线路数量均不超过 2 条	
	线路布设整齐，交叉少	

<table>
<tr><td colspan="4" align="center">"可编程控制技术"课程学习学生工作记录页</td></tr>
<tr><td align="center">任务名称</td><td colspan="3" align="center">任务 1-1：S7-1200 硬件的安装与固定</td></tr>
<tr><td align="center">组别</td><td align="center">工位</td><td align="center">姓名</td><td></td></tr>
<tr><td align="center">第　组</td><td></td><td></td><td></td></tr>
</table>

工作过程

1. 资讯（知识点积累、资料准备）

2. 计划（制订计划）

3. 决策（分析并确定工作方案）

4. 实施

5. 检测

结果观察

缺陷与改进

序号	故障现象	原因分析	是否解决
1			
2			

6. 评价

小组自评

完成情况　□优秀　□良好　□合格　□不合格

效果评价　□非常满意　□满意　□一般　□需改进

教师评价

评语

综评等级　□优秀　□良好　□合格　□不合格

总结反思

"可编程控制技术"课程学习学生工作记录页			
任务名称	任务 1-2：西门子 SCE-PLC01 实训装置模块及线路连接		
组别	工位		姓名
第　　组			

<table>
<tr><td rowspan="12">工作
过程</td><td colspan="4" align="center">1. 资讯（知识点积累、资料准备）</td></tr>
<tr><td colspan="4"></td></tr>
<tr><td colspan="4" align="center">2. 计划（制订计划）</td></tr>
<tr><td colspan="4"></td></tr>
<tr><td colspan="4" align="center">3. 决策（分析并确定工作方案）</td></tr>
<tr><td colspan="4"></td></tr>
<tr><td colspan="4" align="center">4. 实施</td></tr>
<tr><td colspan="4"></td></tr>
<tr><td colspan="4" align="center">5. 检测</td></tr>
<tr><td>结果
观察</td><td colspan="3"></td></tr>
</table>

缺陷与改进	序号	故障现象	原因分析	是否解决
	1			
	2			

6. 评价				
小组自评	完成情况	□优秀	□良好　□合格　□不合格	
	效果评价	□非常满意	□满意　□一般　□需改进	
教师评价	评语			
	综评等级	□优秀	□良好　□合格　□不合格	

总结反思	

项目小结

本项目主要介绍了可编程控制器的概念、发展现状和市场上主流 PLC 的种类；介绍了西门子家族 PLC 的主要产品和功能特点，并以西门子 S7-1200 PLC 为例，实践操作了该型号 PLC 各主要部件的组装和安装；对 S7-1200 PLC 的结构进行了初步的介绍。

本项目还以 SCE-PLC01 实训装置为工作载体，介绍了 S7-1200 PLC 电源线路的接线，介绍了该类型 PLC 的供电技术。通过本项目的学习，学生可以搭建 S7-1200 PLC 控制系统的基本硬件架构。

习题检测

1. 选择题

1-1　S7-1214C DC/DC/DC 的供电电压是（　　　）。

A. 220V　　　　　B. 24V　　　　　C. 380V　　　　　D. 36V

1-2　SCE-PLC01 实训装置的 CPU 模块上输出端的"1L"和输入端的"1M"接线时，规范的接线颜色是（　　　）。

A. 红、黑　　　　B. 红、蓝　　　　C. 蓝、绿　　　　D. 随意

1-3　信号模块上数字量输入、数字量输出正确的表示是（　　　）。

A. AI、AQ　　　　B. AI、DQ　　　　C. DI、DQ　　　　D. DI、AQ

1-4　信号模块 SM1222RLY 的输出方式是（　　　）。

A. 晶体管　　　　B. 晶闸管　　　　C. 接触器　　　　D. 继电器

1-5　通信模块安装在 S7-1200 CPU 的（　　　）。

A. 左边　　　　　B. 右边　　　　　C. 顶端面板　　　　D. 中间

2. 简答题

2-1　什么是 PLC？

2-2　在工业控制中，PLC 主要应用在哪些方面？

2-3　S7-1200 PLC 的硬件主要由哪几部分组成？

2-4　PLC 的特点有哪些？

项目 2

电动机正反转系统的组装与调试

一、学习目标

1. 会分析电动机正反转控制系统的功能需求，规划硬件需求。
2. 认知 S7-1200 PLC 的输入、输出信号。
3. 运用 PLC 常开、常闭、线圈输出指令编写程序。
4. 绘制出电动机正反转控制系统的硬件接线图。
5. 使用 TIA Portal V15 软件进行 PLC 组态。
6. 编写电动机正反转控制程序并进行调试，验证运行结果。
7. 接受以小组为单位的学习方式，树立工具、设备使用的安全意识。
8. 形成良好的思想道德修养和职业道德素养。

二、项目描述

电动机的正反转控制是工业生产过程中最常见的控制。某自动化生产线的运输系统由一台三相交流异步电动机拖动运行，请使用 PLC 作为控制器，设计制造一套三相交流异步电动机的正反转控制系统，实现对该运输系统正向和逆向运行的控制。

系统具体要求：系统设置 3 个按钮，分别为正向起动按钮 SB1、反向起动按钮 SB2、停止按钮 SB3；系统开机上电时，运输系统为停机状态，在停机状态下按相应方向的起动按钮时，系统按相应方向连续运行；在任何运行方向时，按停止按钮均可停止运行；为保证运行安全，系统在某一运行方向运行时，不能直接经由与之相反方向的起动按钮直接切换运行方向，须按停止按钮停止运行后，才能进行另一方向的起动操作。

三、相关知识和关键技术

3.1 相关知识

3.1.1 TIA Portal 平台

全集成自动化（Totally Integrated Automation，TIA）博途（Portal）是一款将所

有自动化任务整合在一个工程设计环境下的软件。TIA Portal 通过其直观化的用户界面、高效的导航设计以及行之有效的技术实现了周密整合的效果。通过 TIA Portal，可以不受限制地访问西门子的完整数字化服务系列：从数字化规划和一体化工程到透明的运行；通过仿真工具等来缩短产品上市时间，通过附加诊断及能源管理功能提高工厂生产力，并通过连接到管理层来提供更大的灵活性；使系统集成商、机器制造商及工厂运营商获益。因此，TIA Portal 不只是一个工程组态平台，它是数字化企业实现自动化的理想途径。

3.1.2　TIA Portal V15

自 2009 年发布第一款 SIMATIC STEP V10.5（STEP 7 basic）以来，TIA Portal 软件已有 V11、V12、V13、V14、V15 和 V16 等版本。

TIA Portal V15 平台包含的主要软件：

① TIA_Portal_STEP_7_Pro_WINCC_Adv_V15，用于 SIMATIC S7 系列 CPU 和 SIMATIC 系列 HMI 产品的开发。

② SIMATIC_S7PLCSIM_V15，用于对 SIMATIC S7 系列 CPU 进行仿真。

③ SINAMICS_Start drive V15，用于对 SINAMICS G/S 系列变频器产品进行开发。

3.1.3　TIA Portal 的界面

TIA Portal 软件可以使用两个不同的视图，Portal 视图和项目视图。Portal 视图是面向任务的视图，而项目视图是项目各组件的视图，两者可以使用链接进行切换。

1. Portal 视图

Portal 视图可以选择面向任务的视图简化用户操作，也可以选择一个项目视图快速访问所有相关组件。Portal 视图界面如图 2-1 所示，从左到右分三栏显示，依次为任务选项、任务选项对应的操作、操作对应的具体选择项三部分。

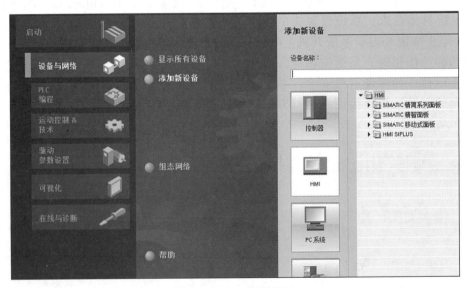

图 2-1　Portal 视图界面

任务选项为各个任务区提供了基本功能。在 Portal 视图中提供的任务选项取决所安装的软件产品。任务选项对应的操作提供了对所选任务可使用的操作。操作对应的具体选项会根据所选的任务选项动态变化。选择面板详细列出了具体的操作项目，面板的内容取决于当前的选择。

2.项目视图

项目视图是项目所有组件的结构化视图，可以显示项目的全部组件。在该视图中，可以方便地访问设备和块。项目的层次化结构、编辑器、参数、数据等内容都可以在该视图中显示出来，如图 2-2 所示，如一般的应用软件一样设置了标题栏、菜单栏、工具栏等通用操作栏，还设置了项目树、任务卡、巡视窗口、工作区等界面。

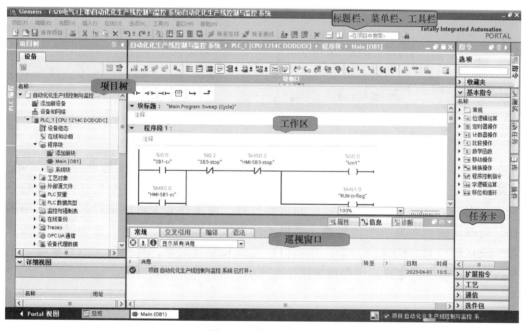

图 2-2 项目视图界面

1）通用操作栏。通用操作栏在项目视图的顶端，主要包括标题栏、菜单栏和工具栏三部分。标题栏用于显示项目名称；菜单栏包含了工作所需的全部命令；工具栏提供了常用命令的按钮，如上传、下载等功能，通过工具栏图标可以更快地访问这些命令。

2）项目树。项目树在项目视图的左侧，使用项目树功能可以访问所有组件和项目数据。在项目树中可执行添加新组件，编辑现有组件，扫描和修改现有组件的属性等操作。项目树界面及其功能如图 2-3 所示。其中，添加新设备用于添加 PLC、HMI、驱动器等设备。设备和网络用于浏览项目的拓扑视图、网络视图和设备视图。已经添加生成的设备都各自有一个独立的文件夹，包含了该设备名称和属于该设备的对象和活动等全部内容。未分组的设备包含了所有的分布式 I/O 等。安全设置包含项目的保护和密码的设置。公共数据包含项目下公共信息、日志和脚本等可跨多个设备使用的数据。文档设置包含项目文档的打印布局设置等。语言和资源包含项目的语言和该文件夹里的文本所使用的语言等。在线访问可以找到编程设备或 PC 与被连接对象之间的网络接入方法、接口的状态信息、属性信息等。读卡器 /USB 存储器用于管理连接到 PG/PC 的所有读卡器和 USB 存储器。

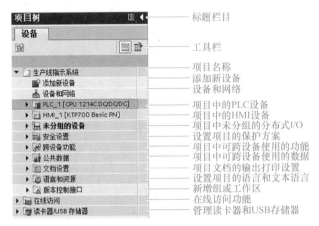

图 2-3　项目树界面及其功能

3）任务卡。在屏幕右侧的条形栏中可以找到可用的任务卡。哪些任务卡可用，取决于所安装的软件产品。任务卡可以折叠和重新打开，比较复杂的任务卡会划分为多个窗格，这些窗格也可以折叠和重新打开。使用任务卡可以执行附加的可用操作，根据所编辑对象或所选对象，提供了用于执行操作的任务卡。这些操作包括从库中或从硬件目录中选择对象，在项目中搜索和替换对象，将预定义的对象拖入工作区等。任务卡指令和测试界面如图 2-4 所示。

图 2-4　任务卡指令和测试界面

4）巡视窗口。巡视窗口具有三个选项卡：属性、信息和诊断。

属性选项卡如图 2-5 所示，用于显示所选对象的属性，可以查看对象属性或者更改可编辑的对象属性。例如，修改 CPU 的硬件参数，更改变量类型等操作。

图 2-5　巡视窗口的属性选项卡

信息选项卡如图 2-6 所示，用于显示所选对象的附加信息，如交叉引用、语法信息等内容以及执行操作（如编译）时发出的报警。

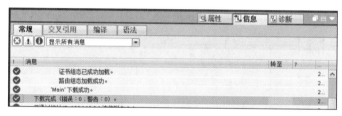

图 2-6　巡视窗口的信息选项卡

诊断选项卡如图 2-7 所示，用于提供有关系统诊断事件、已组态消息事件、CPU 状态以及连接诊断的信息。

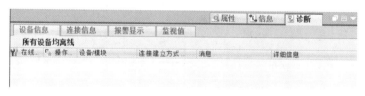

图 2-7　巡视窗口的诊断选项卡

5）工作区。工作区内显示进行编辑而打开的对象。这些对象包括编辑器、视图和表格等。工作区内的设备视图和程序编辑界面如图 2-8 所示。在工作区中可以打开若干个对象，但通常每次在工作区中只能看到其中一个对象。

如果在执行某些任务时要同时查看两个对象，例如两个窗口间对象的复制，则可以水平方式或者垂直方式平铺工作区，也可以单击需要同时查看的工作区窗口右上方的浮动按钮。如果没有开任何对象，则工作区是空的。水平拆分的编辑器界面如图 2-9 所示。

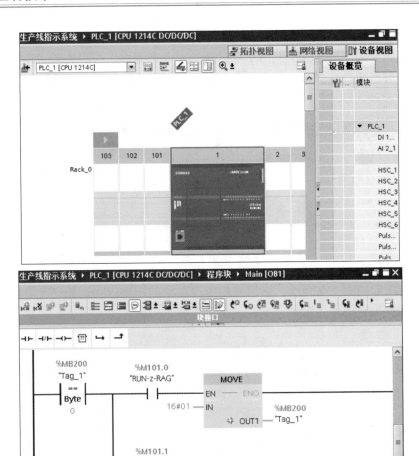

图 2-8　工作区内的设备视图和程序编辑界面

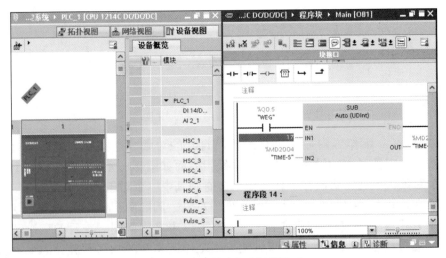

图 2-9　水平拆分的编辑器界面

3.1.4　PLC 的编程语言

IEC（国际电工委员会）制定的 IEC 611311 标准是 PLC 的国际标准，其中，IEC 611311-3 规定了 PLC 的编程语言标准。IEC 611311-3 规定的 PLC 语言标准中包含 5 类编程语言：指令表（Instruction List，IL）、结构文本（Structured Text，ST）、梯形图（Ladder Diagram，LD）、功能块图（Function Black Diagram，FBD）和顺序功能图（Sequential Function Chart，SFC）。在 TIA Portal 平台中，如图 2-10 所示，可以通过组织块属性的"常规"选项选择编程语言。

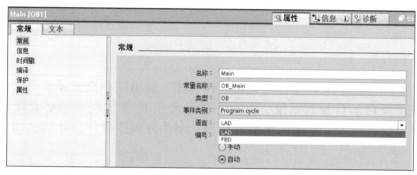

图 2-10　TIA Portal 编程语言的选择界面

梯形图（西门子将其简称为 LAD）是使用最多的 PLC 编程语言。梯形图与继电器控制系统的电路图相似，具有直观易懂的优点，很容易被工程技术人员所熟悉和掌握。梯形图程序设计语言具有如下特点：

1）梯形图由触点、线圈和用方框表示的功能块组成。由触点、线圈等组成的电路称为程序段，也称为 Network，即网络。TIA Portal 软件中会自动为程序段编号。

2）梯形图中触点只有常开和常闭，触点可以是 PLC 输入点接的开关，也可以是 PLC 内部继电器的触点或内部寄存器、计数器等的状态。

3）梯形图中的触点可以任意串、并联。

4）内部继电器、寄存器等均不能直接控制外部负载，只能作中间结果使用。

5）PLC 是按循环扫描事件沿梯形图先后顺序执行，在同一扫描周期中的结果留在输出状态寄存器中，所以输出点的值在用户程序中可以当作条件使用。

3.1.5　PLC 的触点指令和线圈指令

PLC 的常开触点在指定的位为 1 状态（ON）时闭合，为 0 状态（OFF）时断开；PLC 的常闭触点在指定的位为 1 状态（ON）时断开，为 0 状态（OFF）时闭合。触点指令中变量的数据类型只能是位（BOOL）型，编程时，触点可以并联或串联使用，但不能放在梯形图的最后。如图 2-11 所示，I0.0 为常开触点，I0.1 为常闭触点。

图 2-11　触点指令和线圈指令应用举例

　　PLC 的线圈指令为输出指令，是将线圈的状态写入到指定的地址。输出线圈指令可以放在梯形图的任意位置，变量类型为 BOOL 型。输出线圈指令既可以多个串联使用，也可以多个并联使用。驱动线圈的触点电路接通时，线圈获得"能流"，线圈指定位对应的映像寄存器为 1，反之为 0，将输出的值传送给对应的过程映像输出，接通或断开连接到相应输出点的负载。如图 2-11 所示，在 PLC 运行模式时，输入量 I0.0 为 1，I0.1 为 0，PLC 就会接通连接在输出端 Q0.0 上的负载。

3.2　关键技术

3.2.1　项目分析

　　本项目要求使用 PLC 作为控制器设计制作一套由三相交流异步电动机拖动的运输系统正反向运行控制系统，其核心就是使用 PLC 实现三相交流异步电动机的正反向控制问题，主要包括硬件电路设计制作和程序软件设计调试两个方面的内容。

3.2.2　硬件电路的设计

　　本项目要实现对三相交流异步电动机的运行控制，可以通过 PLC 加继电器、接触器的方式进行控制，即通过两个接触器改变接入电动机电源的相序来改变电动机的运转方向。接触器线圈回路的通道由 PLC 的输出来控制，从而实现系统的功能。考虑现场所使用 PLC 输出点的带负载能力，在 PLC 输出和接触器线圈间增加中间继电器过渡控制环节。从 PLC 控制器的角度来看，系统共有 3 个输入信号，分别来自按钮 SB1、SB2 和 SB3，有 2 个输出信号，分别用于控制中间继电器 KA1 和 KA2。

　　1. 系统的输入、输出及地址分配

　　对系统的输入、输出信号分别分配相应的 PLC 地址，见表 2-1。

表 2-1　系统地址分配表

输入		输出	
元件	地址	元件	地址
正向起动按钮 SB1	I0.0	正向控制中间继电器 KA1	Q0.0
反向起动按钮 SB2	I0.1	反向控制中间继电器 KA2	Q0.1
停止按钮 SB3	I0.2		

　　2. 系统电路图

　　电动机正反转控制系统的 PLC 系统线路如图 2-12 所示，电动机正反转控制系统的主电路如图 2-13 所示。

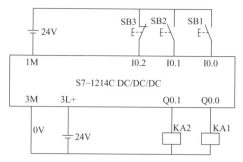

图 2-12　电动机正反转控制系统的 PLC 系统线路

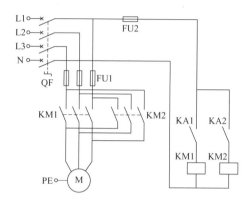

图 2-13　电动机正反转控制系统的主电路

3.2.3　软件的操作

1. 新项目的创建

启动 TIA Portal 软件，在 Portal 视图中创建新项目，给定项目名称，选择项目保存路径，如图 2-14 所示。

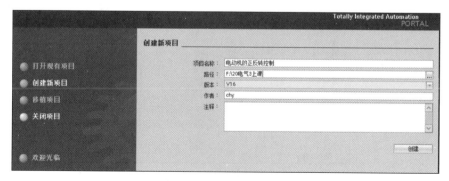

图 2-14　创建新项目

2. 设备的组态

设备组态的任务就是在 TIA Portal 平台的设备和网络编辑器中生产一个与实际硬件系统对应的虚拟系统，模块的安装位置和设备之间的通信连接都应与实际的硬件系统完全相同。

具体操作步骤：在项目视图下，双击项目树中的"添加新设备"，选择与现场设备相一致的控制器。如对应我们实训装置上的控制器设备，则需要分别添加控制器 CPU、信号板和信号模块，具体过程如图 2-15 和图 2-16 所示。依次选择添加新设备→控制器→ SIMATIC S7-1200 → CPU → CPU 1214C DC/DC/DC，选择订货号为 6ES7 214-1AE30-0XB0。单击右侧任务卡中的"硬件目录"，选择列表中的信号板→ AQ → AQ1 × 12bit，选择订货号为 6ES7 232-4HA30-0XB0 的信号板，双击添加；选择列表中的 DI/DQ → DI 8 × 24V DC/DQ 8 × Relay，选择订货号为 6ES7 223-1PH32-0XB0 的信号模块，双击添加。

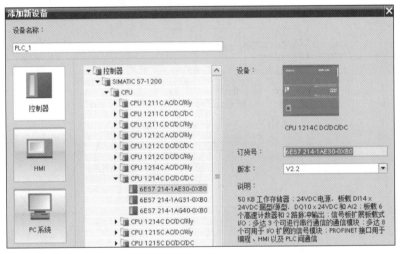

图 2-15　CPU 的组态

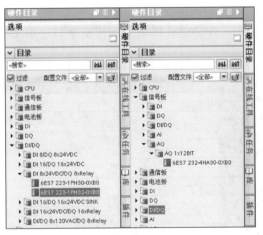

图 2-16　信号板和信号模块的组态

3. PLC IP 地址的设置

在项目树中双击设备组态，在打开的工作区中进入设备视图选项卡，如图 2-17 所示。右击界面上的 CPU 图片，选择属性选项卡，进入 PROFINET 接口→以太网地址，依次选择添加新子网 PN/IE_1，选择在项目中设置 IP 地址，然后将 PLC 的 IP

地址设置在和 PC 的 IP 地址在同一网段内，即 IP 的前三个字段保持一致，第四个字段不同。如 PC 的 IP 地址为"192.168.0.1"，子网掩码为"255.255.255.0"，PLC 的 IP 地址为"192.168.0.5"，子网掩码为"255.255.255.0"。

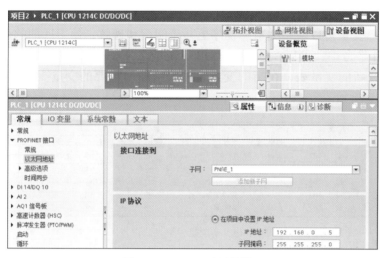

图 2-17　PLC IP 地址的设置

4.硬件组态的下载

在项目树中先单击选中要下载的 PLC 名称，然后单击菜单栏中的下载按钮，在弹出的下载界面中选择 PG/PC 接口的类型为 PN/IE，PG/PC 接口为实际 PC 与 PLC 连接的以太网卡名称，然后单击开始搜索按钮，选中目标设备列表中找到的 PLC，选中"选择目标设备"下拉列表中"显示所有兼容的设备"选项，然后单击"开始搜索"按钮，选中目标设备列表中找到的 PLC，单击"下载"按钮下载，如图 2-18 所示。

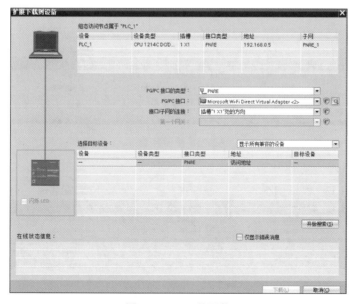

图 2-18　PLC 的下载

在下载过程中，根据实际情况选择停止 PLC 等操作。下载完成后，现场设备状态指示灯均为绿色则说明成功完成了硬件组态操作，若没有成功组态，可使用 TIA Portal 的在线诊断工具进行诊断，完成排故操作。

5. 变量的设置

使用 PLC 变量可以使得编写的程序更易于阅读和理解，便于后期的调试和移植。在 TIA Portal 平台中，可以在项目树的 PLC 变量文件夹中，通过双击添加新变量菜单的方式生产新的变量表，在新的变量表中编辑新增需要的变量。本项目变量表的设置如图 2-19 所示。

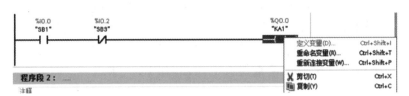

图 2-19　本项目变量表的设置

PLC 的变量有两种方式进行编辑和修改，一种是在 PLC 变量表中进行修改，另一种是在梯形图程序中进行修改。具体方法是：在梯形图程序中选中要修改的变量，右击弹出快捷菜单，通过"重命名变量"命令修改该变量的名称，通过"重新连接变量"命令修改变量名所对应的变量绝对地址。操作过程如图 2-20 ～图 2-22 所示。

图 2-20　本项目变量表的设置

图 2-21　重命名变量

图 2-22　重新连接变量

6.程序的编写

利用 PLC 的常开、常闭触点指令和线圈指令，根据电气控制中的经验逻辑，我们可以比较容易地写出本系统的梯形图控制程序，如图 2-23 所示。

图 2-23　电动机正反转控制系统的梯形图控制程序

需要注意的是，在实际的工程应用中，如果将停止按钮以常开触点的形式接入控制器输入端口，在特殊情况下，一旦出现接线松动、线路断开、触点严重氧化等故障，就不能可靠地将停止信号接入控制器，从而出现不能正常停机的安全事故。因此，停止按钮应以常闭触点的形式接入控制器，一旦停止信号线路出现故障，系统就会自动停机，从而确保运行安全。如本项目 PLC 系统线路（见图 2-12），停止按钮以常闭形式接入控制器，这就要求我们在程序编写的过程中要注意将停止按钮的逻辑反过来思考，做一次"非"的处理，触点常开的地方调整为常闭，触点常闭的地方调整为常开。调整后的梯形图程序如图 2-24 所示。

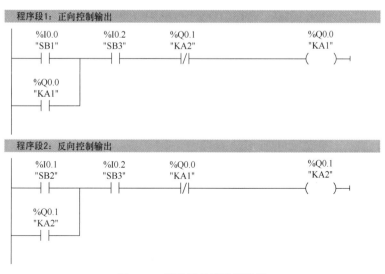

图 2-24　调整后的梯形图程序

四、工作任务

任务名称	任务 2-1：TIA Portal 软件的使用	
小组成员	组长：	成员：
任务环境	**主要设备 / 材料** 1）SIMATIC S7–1214C DC/DC/DC 2）SB1231 AQ1×12bit、SM1222RLY 3）24V SIMATIC 电源 4）PC+TIA Portal V15 平台	**主要工具** 1）划线笔 2）钢直尺 3）万用表
参考资料	教材、任务单、PLC1200 技术手册	
任务要求	1）制订安装工作方案 2）按照方案进行 TIA Portal 平台的各项基本操作 3）检查操作结果是否达标并进行改进 4）记录工作过程，进行学习总结和学习反思 5）规范操作，确保工作安全和设备安全 6）注重团队合作，组内协助完成作业任务 7）保持工作环境整洁	
工作过程	1）小组讨论，确定人员分工，小组协作完成工作任务 2）查阅资料，小组讨论，确定工作方案 3）打开 TIA Portal 平台软件，新建 Portal 项目文件 4）按照方案依次单击平台相关界面，熟练各界面打开与关闭等基本操作 5）对照打开的平台相关界面，说出与界面操作相关的名词术语 6）对照现场设备，完成 CPU、信号板和信号模块的组态 7）设置 PLC 和 PC 的 IP 地址，实现设备 PG/PC 网络正常通信 8）下载设备组态，观察运行指示灯是否正常，若有故障，调试设备正常运行 9）编辑 PLC 变量表，尝试变量名称修改和变量连接修改等操作 10）小组讨论，总结学习成果，反思学习不足 11）工作结束，整理保存相关资料 12）清理工位，复原设备模块，清扫工作场地	
注意事项	1）文明作业，爱护实训设备 2）规范操作，重视操作安全 3）合作学习，注重团队协作 4）及时整理，保持环境整洁 5）总结反思，持续改进提升	

任务名称	任务 2-2：PLC 控制实现电动机正反转	
小组成员	组长：　　　　　　　　　　　成员：	
任务环境	主要设备 / 材料	主要工具
	1）SCE-PLC01 实训装置 2）实训装置电源模块 3）实训装置 PLC 模块 4）实训装置 2# 连接导线	1）铅笔（2B） 2）直尺（300mm） 3）绘图橡皮 4）数字万用表
参考资料	教材、PLC1200 技术手册、SCE-PLC01 PLC 控制技术实训装置使用手册	
任务要求	1）制订工作方案，包括人员分工、接线、调试规划、安全预案等 2）使用万用表检测设备电源供电电压是否正常 3）绘制接线图，并按图接线 4）编写 PLC 梯形图程序 5）运行调试 PLC，完成系统功能 6）规范操作，确保工作安全和设备安全 7）记录工作过程，进行学习总结和学习反思 8）注重团队合作，组内协助完成工作 9）保持工作环境整洁，形成良好的工作习惯	
工作过程	1）小组讨论，确定人员分工，小组协作完成工作任务 2）查阅资料，小组讨论，确定工作方案，绘制硬件接线图 3）观察装置，确保各部件安装到位，电源接入安全，线路无裸露 4）合闸送电，使用万用表测量 AC 380V、AC 220V、DC 24V 电源，确保正常 5）断开电源模块各送电开关，准备 2# 连接线 6）按规范使用不同规格和颜色的导线完成电源、主电路、控制电路线路连接 7）使用 Portal 平台完成控制程序的编写，并下载和运行调试 8）合闸送电，测试系统各项功能是否实现，如有缺陷，持续进行修改完善 9）按照检查表，检查作业成果是否达标 10）对作业不正确、不完善或不规范的地方进行改进 11）小组讨论，总结学习成果，反思学习不足 12）工作结束，整理保存相关资料 13）清理工位，复原设备模块，清扫工作场地	
注意事项	1）规范操作，确保人身安全和设备安全 2）仔细核对，杜绝因电源错接等造成不可逆转的严重后果 3）合作学习，注重团队协作，分工配合，共同完成工作任务 4）分色接线，便于查故检修，降低误接事故概率 5）及时整理，保持环境整洁，保证实训设备持续稳定使用	

"可编程控制技术"课程学习结果检测表

任务名称	任务 2-1：TIA Portal 软件的使用	
	检测内容	是否达标
材料准备	TIA Portal 软件平台	
	小组任务实施工作方案	
	CPU S7-1214C、SB1231、SM1222RLY 组装完成，供电完成	
	PC 与 PLC 工业以太网线连接完成	
Portal 软件的基本操作	正确快速找到 TIA Portal 平台快捷图标，并打开 TIA Portal 软件	
	正确建立 Portal 项目文件，并快速在 Portal 视图和项目视图之间切换	
	正确找出项目视图下 5 个主要界面区域，并说出各自的名称	
	能简述项目视图下 5 个主要界面区域的作用	
	能分别在 Portal 视图或项目视图中通过添加设备按钮进入设备组态界面	
	能快速准确展开和关闭项目树、任务卡、工作区等操作界面	
	根据现场实际提供的 PLC CPU 的型号进行 CPU 组态	
	根据现场实际提供的 PLC 信号板的型号进行信号板组态	
	根据现场实际提供的 PLC 信号模块的型号进行信号模块组态	
	能快速准确找到 PLC IP 地址的设置界面，并进行修改设置	
	能快速准确找到触点指令、线圈指令，并按规则进行程序编辑	
	正确建立变量表，并通过修改变量名称和重新连接变量进行编辑	
软件的操作结果	正确设置 PLC 和 PC 的 IP 地址，保证两者在同一个网段可正常通信	
	正确组态 PLC 各模块，并下载到现场设备后，运行指示灯为绿色状态	
	编辑的 PLC 变量表与项目要求相一致	
	编写的 PLC 梯形图程序与项目要求相一致	
	操作过程规范，器件摆放整齐，工位整洁	

"可编程控制技术"课程学习结果检测表

任务名称	任务 2-2：PLC 控制实现电动机正反转	
	检测内容	是否达标
材料准备	电工安装工具、绘图工具可正常使用	
	PLC 整机、电源等设备完好，供电正常	
	连接线红、黑、蓝、绿各 20 根，外观完好，无机械损伤	
	按钮、继电器、接触器等器材数量足够，检测功能完好	
	数字万用表外观完好，检测功能正常，表笔绝缘层无损伤	
操作过程	接线前进行小组讨论，制订详细的工作方案	
	接线前对设备和器材进行目视检查，用万用表完成电气功能检测	
	接线前绘制接线原理图，并经教师检验正确	
	断开电源开关接线，规范使用工具，线路安装正确、可靠	
	接线结束后仔细核对接线情况，确保实际接线与接线图一致	
	根据信号的不同，选择线缆时进行分色处理	
	根据现场实际提供的 PLC 模块型号进行组态	
	根据项目工作实际需要，规范、准确地建立变量表	
	根据系统控制需要正确完成程序编写	
	根据程序的下载流程正确完成程序下载	
	正确下载组态和程序到现场设备，并观察调试功能	
操作结果	停止时，按下正向起动按钮，电动机能正向起动	
	停止时，按下反向起动按钮，电动机能反向起动	
	正反向起动后，电动机均能持续运行	
	电动机正反向运行时，按下停止按钮，电动机均能停止	
	操作过程规范，器件摆放整齐，工位整洁	

"可编程控制技术"课程学习学生工作记录页		
任务名称	任务 2-1：TIA Portal 软件的使用	

组别	工位	姓名
第　　组		

<table>
<tr><td rowspan="13">工作过程</td><td colspan="4">1. 资讯（知识点积累、资料准备）</td></tr>
<tr><td colspan="4">2. 计划（制订计划）</td></tr>
<tr><td colspan="4">3. 决策（分析并确定工作方案）</td></tr>
<tr><td colspan="4">4. 实施</td></tr>
<tr><td colspan="4">5. 检测</td></tr>
<tr><td rowspan="1">结果观察</td><td colspan="3"></td></tr>
<tr><td rowspan="3">缺陷与改进</td><td>序号</td><td>故障现象</td><td>原因分析</td><td>是否解决</td></tr>
<tr><td>1</td><td></td><td></td><td></td></tr>
<tr><td>2</td><td></td><td></td><td></td></tr>
<tr><td colspan="4">6. 评价</td></tr>
<tr><td rowspan="2">小组自评</td><td colspan="3">完成情况　□优秀　□良好　□合格　□不合格</td></tr>
<tr><td colspan="3">效果评价　□非常满意　□满意　□一般　□需改进</td></tr>
<tr><td rowspan="2">教师评价</td><td colspan="3">评语</td></tr>
</table>

教师评价	综评等级　□优秀　□良好　□合格　□不合格

总结反思	

"可编程控制技术"课程学习学生工作记录页			
任务名称	任务2-2：PLC控制实现电动机正反转		
组别	工位		姓名
第　　组			

工作过程

1. 资讯（知识点积累、资料准备）

2. 计划（制订计划）

3. 决策（分析并确定工作方案）

4. 实施

5. 检测

结果观察

缺陷与改进

序号	故障现象	原因分析	是否解决
1			
2			

6. 评价

小组自评	完成情况	□优秀　　□良好　□合格　□不合格
	效果评价	□非常满意　□满意　□一般　□需改进
教师评价	评语	
	综评等级	□优秀　　□良好　□合格　□不合格

总结反思

项目小结

本项目主要介绍了 TIA Portal V15 平台的基本界面和基本操作方法，并通过电动机的正反转控制任务介绍了项目的建立、PLC 的组态、变量表的编写、程序文件的编写、组态和程序的下载及调试等基本操作；介绍了常开、常闭触点指令，线圈指令的使用方法；通过编写电动机正反转控制程序，介绍了梯形图程序的基本编辑方法；组建了电动机正反转控制的硬件系统，使学生对 PLC 控制系统的电气原理有了更深刻的认识。

通过本项目的学习，我们可以尝试设计并制作其他简单的 PLC 控制电动机运行系统。

习题检测

1. 选择题

1-1 通过 TIA Portal 平台，我们不能实现的操作是（　　）。

A. S7 系列 CPU 的应用开发　　　　B. SIMATIC 系列 HMI 的开发

C. SINAMICS 全系列变频器的开发 D. S7 系列 CPU 的仿真

1-2 项目视图中不包括（　　）。

A. Portal 视图　　B. 项目树　　　　C. 工作区　　　D. 任务卡

1-3 组态 PLC 的 CPU 时，在添加新设备界面应选择（　　）。

A. 控制器　　　B. HMI　　　　C. PC 系统　　　D. 驱动

1-4 现场 PLC 设备的 IP 为 192.168.1.3，我们应将自己 PC 的 IP 修改为（　　）时，方可对现场 PLC 进行调试。

A. 192.168.0.3　B. 192.168.1.3　C. 192.168.1.1　D. 192.168.0.1

1-5 梯形图指令的英文简称是（　　）。

A. IL　　　　B. ST　　　　　C. LD　　　　D. FBD

2. 简答题

2-1 简述 TIA Portal 平台包括的主要软件及其主要功能。

2-2 简述 TIA Portal 平台项目视图中 5 个主要界面区域的名称和主要作用。

2-3 描述 Portal 平台下 PLC 设备组态的操作过程。

3. 设计题

请设计一个使用 PLC 实现电动机星形 – 三角形起动的控制系统。要求：系统设置星形起动按钮 SB1，手动三角形切换按钮 SB2 和停止按钮 SB3，电动机的主电路及切换电路分别由三个接触器的通断来实现，主控制器使用 S7–1214C DC/DC/DC。

请给出 PLC 变量地址分配表、主电路和控制电路电路图、PLC 梯形图程序。

项目 3

四路抢答器控制系统的组装与调试

一、学习目标

1. 会分析抢答器控制系统的功能需求，规划硬件需求。
2. 分配 S7-1200 PLC 的输入、输出信号。
3. 运用 PLC 置位、复位指令编写程序。
4. 绘制出抢答器控制系统的硬件接线图。
5. 使用 Portal V15 软件进行 PLC 组态，并编写梯形图程序。
6. 编写抢答器控制程序并进行调试，验证运行结果，会分析四路抢答器控制系统的功能需求，规划硬件需求。
7. 接受以小组为单位的学习方式，树立工具、设备使用的安全意识。
8. 形成良好的思想道德修养和职业道德素养。

二、项目描述

抢答器是各类竞赛中常见的技术设备，它比传统的举手或举答题板等答题的形式更具公平性、竞争性。请使用 PLC 作为控制器，设计制造一套四路抢答器控制系统，实现竞赛抢答控制功能。

具体要求：系统设置 1 个主持人控制按钮 SB0 和 4 个选手抢答按钮 SB1 ~ SB4，分别用于主持人复位抢答状态和选手进行抢答操作；设置 1 个复位指示灯 HL0 和 4 个抢答指示灯 HL1 ~ HL4，分别用于指示抢答器复位和选手抢答结果；设置 1 个数码管显示装置，用于显示抢答结果的工位号。主持人按下 SB0 后，抢答器复位，复位指示灯 HL0 点亮，数码管显示数字 0，允许选手抢答；选手在抢答器复位的状态下进行抢答，率先按下抢答按钮的选手抢答成功，对应的抢答指示灯以 1Hz 频率闪烁，数码管显示对应的工位号，抢答器退出复位状态，其余选手再按抢答按钮则无效。主持人再次按下 SB0 后，抢答器复位，进入下一轮抢答操作。

三、相关知识和关键技术

3.1 相关知识

3.1.1 S7–1200 PLC 的存储器

S7–1200 PLC 的存储器包括装载存储器、工作存储器和系统存储器三类，见表 3-1。

表 3-1 S7–1200 PLC 的存储器

装载存储器	动态装载存储器
	可保持装载存储器
工作存储器	用户程序，如逻辑块、数据块
系统存储器	过程映像 I/O 表
	位存储器
	局域数据堆栈、块堆栈
	中断堆栈、中断缓冲区

1. 装载存储器

装载存储器用于非易失性地存储用户程序、数据和组态，断电后所存储的内容继续保持。项目被下载到 CPU 后，首先存储在装载存储器中。每个 CPU 都具有内部装载存储器，其大小取决于所使用的 CPU 型号。内部装载存储器可以用外部存储卡来替代，未插入存储卡时，CPU 将使用内部装载存储器，插入存储卡时，CPU 将使用存储卡作为装载存储器。外部存储卡大小不能超过内部装载存储器的大小。

2. 工作存储器

工作存储器是易失性存储器，用于执行用户程序时存储用户项目的某些内容。CPU 会将一些项目内容从装载存储器复制到工作存储器中。工作存储器在断电后存储内容丢失，在恢复供电时由 CPU 恢复。

3. 系统存储器

系统存储器是 CPU 为用户程序提供的存储组件，被划分为若干个地址区域，见表 3-2。使用指令可以在相应的地址区内对数据直接进行寻址。系统存储器用于存放用户程序的操作数据，例如，过程映像输入 / 输出、位存储器、数据块、局部数据，I/O 区域和诊断缓冲区等。

表 3-2 系统存储器的存储区

存储区	描述	强制	保持
过程映像输入（I）	扫描循环开始时，从物理输入复制的值	Yes	No
物理输入（I_：P）	通过该区域立即读取物理输入	No	No
过程映像输出（Q）	扫描循环开始时，将值写入物理输出	No	No

（续）

存储区	描述	强制	保持
物理输出（Q_：P）	通过该区域立即写物理输出	No	No
位存储器（M）	存储用户程序的中间运算结果或标志位	No	Yes
局部存储器（L）	块的临时局部数据，只能供块内部使用	No	No
数据块（DB）	数据存储器与 FB 的参数存储器	No	Yes

过程映像输入在用户程序中的标识符为 I，它是 PLC 接收外部数字量信号的窗口。输入端可以接单个触点，也可以接多个触点组成的串并联电路。在每次扫描循环开始时，CPU 读取数字量输入模块外部输入电路的状态，并将它们存入过程映像输入区。

过程映像输出在用户程序中的标识符为 Q，每次循环周期开始时，CPU 将过程映像输出的数据传送给输出模块，再由后者驱动外部负载。用户程序访问 PLC 的输入和输出地址区时，不是去读、写数字量模块中信号的状态，而是访问 CPU 的过程映像区。在扫描循环中，用户程序计算输出值，并将它们存入过程映像输出区。在下一循环扫描开始时，将过程映像输出区的内容写入数字量输出模块。

I/O 点的地址或符号地址的后边加"：P"，可以立即访问物理输入或物理输出。通过给输入点的地址附加"：P"，如 I0.3：P 或 Start：P 可以立即读取 CPU、信号板和信号的数字量输入和模拟量输入。访问时，使用 I_：P 取代 I 的区别在于前者的数字直接来自访问的输入点，而不是来自过程映像输入。因为数据从信号源被立即读取，而不是从最后一次被刷新的过程映像输入中复制，这种访问被称为"立即读"访问。由于物理输入点从直接连接在该点的现场设备接收数据值，因此 I_：P 访问是只读的，且受到硬件支持的输入长度的限制。

在输出点的地址后面附加"：P"，如 Q0.0：P，可以立即写数字量和模拟量输出。访问时，使用 Q_：P 取代 Q 的区别在于前者的数字直接写给被访问的物理输出点，同时写给过程映像输出。这种访问被称为"立即写"，因为数据被立即写给目标点，不用等到下一次刷新时将过程映像输出中的数据传送给目标点。由于物理输入点从直接连接在该点的现场设备接收数据值，因此 Q_：P 访问是只写的，且受到硬件支持的输入长度的限制。由于物理输入点直接控制与该点连接的现场设备，因此读物理输出点是被禁止的，即 Q_：P 访问是只写的。与此相反，可以读写 Q 区的数据。

位存储器（或称为 M 存储器）用来存储中间操作状态或其他控制信息。可以用位、字节、字或双字读 / 写存储器区，如 M0.0、MB2、MW10 和 MD200。

数据块（Data Block，DB），用来存储代码块使用的各种类型数据，包括中间操作状态、其他控制信息，以及某些指令（如定时器、计数器）需要的数据结构。可以设置数据块的写保护功能，数据块关闭后，或有关代码的执行开始或结束后，数据块中存放的数据不会丢失。数据块有两种类型，一种为全局数据块，存储的数据可以被所有的代码块访问；另一种为背景数据块，存储的数据供指定的功能块（FB）使用，其结构取决于 FB 的界面区参数。

临时存储器用于存储代码块被处理时使用的临时数据。PLC 为 3 个 OB 组织块的优先组分别提供临时存储器，为启动和程序循环块提供 16KB，为标准的重大时间和时间错误的重大事件均提供 4KB。

3.1.2　PLC 的工作过程

PLC 采用循环扫描的工作方式，其工作过程主要分为三个节点：输入采样阶段、程序执行阶段和输出刷新阶段，过程如图 3-1 所示。

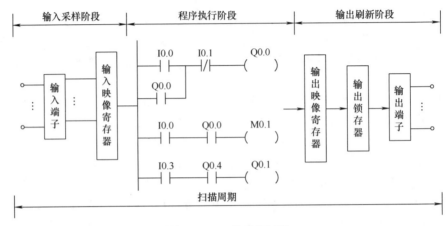

图 3-1　PLC 的工作过程

1. 输入采样阶段

PLC 在开始执行程序前，首先要按顺序将所有输入端的信号读入到寄存输入状态的输入映像区中存储，这一过程称为采样。PLC 在运行程序时，所需要的输入信号不是取现时输入端子上的信息，而是取输入映像寄存器中的信息。在本工作周期内，这个采样结果的内容不会改变，只有到下一个输入采样阶段才会被刷新。

2. 程序执行阶段

PLC 按顺序进行扫描，即从上到下、从左到右地扫描每条指令，并分别从输入映像寄存器、输出映像寄存器及辅助继电器中获得所需的数据进行运算和处理。再将程序执行的结果写入输出映像寄存器中保存，但这个结果在全部程序未被执行完毕之前不会送到输出端子。

3. 输出刷新阶段

在执行完用户所有程序后，PLC 将输出映像区中的内容送到寄存输出状态的输出锁存器中进行输出，从而驱动用户设备。

PLC 重复执行上述 3 个阶段，每重复一次的时间称为一个扫描周期。PLC 在一个工作周期中，输入采样阶段和输出刷新阶段的时间一般为毫秒级，而程序执行时间因用户程序的长度而不同，一般容量为 1KB 的程序扫描时间为 10ms 左右。

3.1.3　PLC 梯形图程序中的双线圈问题

特别要强调的是，在 PLC 的梯形图程序中，同一操作数的线圈在一个程序中不能使用两次（及以上），即要避免双线圈输出的问题，这是由 PLC 循环扫描的工作原理所决定的。如图 3-2 所示，当 M10.0 为 1，M10.1 为 0 时，PLC 按照循环扫描的工作方式，程序从上至下，从左至右执行，尽管在程序段 1 中，Q0.0 为 1，但在执行到程序段 2 时，Q0.0 为 0，最后程序执行结束，刷新到输出映射寄存器的值由第二个程序段最终决定，结果为 0。在实践应用中，解决这一问题的方法就是将同一个操作数线圈的不同支路并联到一个回路中，如本例的解决方法如图 3-3 所示。

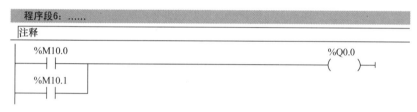

图 3-2　双线圈输出的梯形图

图 3-3　避免双线圈输出的方法示例

3.1.4　触点边沿检测和置位、复位指令

1. 边沿检测指令

边沿检测指的是当输入信号从一个状态变化到另一个状态时，如从 "0" 状态到 "1" 状态或从 "1" 状态到 "0" 状态的过程，当检测到输入触点出现有效边沿时，边沿检测指令接通一个扫描周期，即对应触点保持一个扫描周期的高电平。触点边沿检测指令有两种，分别是上升沿检测指令 P 和下降沿检测指令 N，指令符号如图 3-4 所示。使用时，除了指令上方标明对应触点地址外，还需要在下方设置一个 M 位地址为边沿存储位，用于存储输入信号上一个扫描周期中的边沿状态，通过比较输入信号的当前状态和 M 中存储的上一扫描周期的状态来检测信号的边沿。

触点边沿检测指令可以放置在程序段中除分支结尾外的任何位置。在图 3-5 中，当 I0.0 为 1，且当 I0.1 有从 0 到 1 的上升沿时，Q0.0 接通一个扫描周期。当 I0.2 有从 1 到 0 的下降沿时，Q0.1 接通一个扫描周期。

```
      "IN"                    "IN"
    ——|P|——                ——|N|——
     "M_Bit"                 "M_Bit"
  a) 上升沿检测指令          b) 下降沿检测指令
```

图 3-4　触点边沿检测指令的符号

图 3-5　触点边沿检测指令的应用示例

2. 置位、复位指令

置位指令和复位指令的符号如图 3-6 所示。该指令的主要特点是具有记忆和保持功能。当指定地址被置位（S），状态变为 1 后，会一直保持 1 的状态，直到它被另一个指令复位为止。同理，当指定地址被复位（R），状态变为 0 后，会一直保持 0 的状态，直到它被另一个指令置位为止。在图 3-7 中，若 I0.0=1，M0.0=0 时，Q0.0 被置位，此后，即使 I0.0 和 M0.0 不再满足上述条件，即能流不能再到达 Q0.0，Q0.0 仍能保持 1 的状态，直到图中 Q0.0 对应的复位条件满足，即 I0.1=1，M0.1=0 时，Q0.0 被复位为 0。

a) 置位指令　　　　　　　　b) 复位指令

图 3-6　置位指令和复位指令的符号

图 3-7　置位指令和复位指令的应用示例

在 S7-1200 PLC 中，除如上单点置位、复位指令外，还提供了多点置位、复位指令。多点置位指令和多点复位指令的符号如图 3-8 所示。多点置位、复位指令可以分别把从操作数（Bit）指定地址开始的连续若干（n）个位地址置位、复位。在图 3-9 中，若 I0.0=1，则从 Q0.6 开始的 4 个连续位单元（Q0.6、Q0.7、Q1.0、Q1.1）被置位并保持为 1 的状态。当 I0.1=1 时，则从 M10.0 开始的 5 个连续位单元（M10.0 ～ M10.4）被一起复位，保持为 0 的状态。当多点置位、复位指令线圈下方的 n 为 1 时，其功能等同于置位和复位指令。

```
    "OUT"                    "OUT"
 ( SET_BF )              ( RESET_BF )
    "n"                      "n"
```

a) 多点置位指令　　　　　　b) 多点复位指令

图 3-8　多点置位指令和多点复位指令的符号

```
      %I0.0                                    %Q0.6
  ─────┤ ├─────────────────────────────────( SET_BF )─┤ ├─
                                                 4
      %I0.1                                    %M10.0
  ─────┤ ├─────────────────────────────────( RESET_BF )─┤ ├─
                                                 5
```

图 3-9　多点置位指令和多点复位指令的应用示例

3.2　关键技术

3.2.1　项目分析

本项目要求使用 PLC 作为控制器，来设计制作一套四路抢答器系统。其核心功能包括两个方面：一是在设备复位状态实现优先抢答的问题，即某工位一旦成功抢答进入抢答指示后，设备要退出抢答状态，此时，即使其他工位再有抢答输入，系统也不再响应，即抢答后的排他性问题；二是当某工位成功抢答时，要能正确显示抢答工位，即抢答工位的数显问题。在本项目中，我们将通过置位和复位指令操作不同的 M 存储位来实现复位和不同工位的抢答状态问题，通过对数码管的译码分析来实现工位数显问题。

3.2.2　数码管的显示和译码

数码管是常见的显示器件，其常见外形结构如图 3-10a 所示，其内部电路结构为一组共阴极或共阳极连接的发光二极管。本项目选用共阴极数码管电路，如图 3-10b 所示，显示段码从顶端开始，按顺时针方向分别记作 a、b、c、d、e、f、g，小数点位记作 dp。

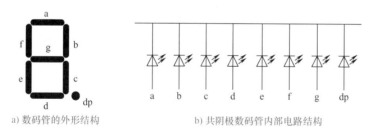

a) 数码管的外形结构　　　　　b) 共阴极数码管内部电路结构

图 3-10　数码管的结构

当某工位抢答成功，需要数码管显示该工位的标号时，就需要数码管上对应段的发光二极管被点亮，即对应段上需要得到一个高电平信号 1，而其他不需要点亮的段上需要一个低电平信号 0，这就涉及译码的问题。我们用 M5.0 作系统复位状态标志位，M5.1 ～ M5.4 分别作 1 ～ 4 号工位的抢答状态标志位，用 PLC 的 Q2.0 ～ Q2.6 来驱动数码管的 a ～ g 各段，则可以得到表 3-3 所列的数码管抢答工位显示译码真值表。

表 3-3　数码管抢答工位显示译码真值表

M5.0	M5.1	M5.2	M5.3	M5.4	Q2.0 a	Q2.1 b	Q2.2 c	Q2.3 d	Q2.4 e	Q2.5 f	Q2.6 g
1	0	0	0	0	1	1	1	1	1	1	0
0	1	0	0	0	0	1	1	0	0	0	0
0	0	1	0	0	1	1	0	1	1	0	1
0	0	0	1	0	1	1	1	1	0	0	1
0	0	0	0	1	0	1	1	0	0	1	1

根据表 3-3 可以得出输出信号 Q2.0 ～ Q2.6 与状态标志位 M5.0 ～ M5.4 的关系，见表 3-4。

表 3-4　输出信号与状态标志位之间的关系

输出信号	状态表达式
Q2.0（a）	M5.0+M5.2+M5.3
Q2.1（b）	M5.0+M5.1+M5.2+M5.3+M5.4
Q2.2（c）	M5.0+M5.1+M5.3+M5.4
Q2.3（d）	M5.0+M5.2+M5.3
Q2.4（e）	M5.0+M5.2
Q2.5（f）	M5.0+M5.4
Q2.6（g）	M5.2+M5.3+M5.4

3.2.3　硬件电路的设计

从项目规划的功能要求来看，系统共有输入信号 5 个，分别来自按钮 SB0 ～ SB4，输出信号有 12 个，分别用于复位指示灯 HL0、抢答指示灯 HL1 ～ HL4、数码管的 7 个显示段 a ～ g。可以看出，输出信号的总需求是 12 个，由于 S7-1214C PLC CPU 自带的输出点只有 10 个，需要进行输出端口扩张，本项目增加了一组信号模块 SM1223 DC/RLY。

1. 系统的输入、输出及地址分配

对系统的输入、输出信号分别分配相应的 PLC 地址，见表 3-5。

表 3-5　系统的输入、输出信号及地址分配

输入		输出	
元件	地址	元件	地址
复位按钮 SB0	I0.0	复位指示灯 HL0	Q0.0
抢答按钮 SB1 ～ SB4	I0.0 ～ I0.4	抢答指示灯 HL1 ～ HL4	Q0.1 ～ Q0.4
—	—	数码管显示段 a ～ g	Q2.0 ～ Q2.6

2. 系统电路图

四路抢答器控制系统的 PLC 控制电路如图 3-11 所示。

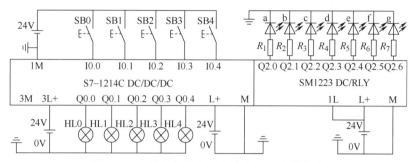

图 3-11　四路抢答器控制系统的 PLC 控制电路

3.2.4　软件的操作

1. 设备的组态

按实训装置上控制器的实际型号参数，分别将 CPU、信号板和信号模块添加到设备视图中，通过设备概览选项卡将信号模块 SM1223 的 I 和 Q 起始地址都修改为"2"，如图 3-12 所示。

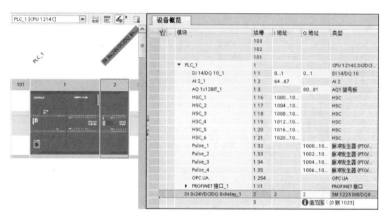

图 3-12　信号模块 I 和 Q 起始地址的修改

2. 系统存储器和时钟存储器的启用

S7-1200 PLC 提供了一系列具有特殊功能的系统存储标志位和时钟存储标志位。在 Portal 平台下，这些标志位需要通过 CPU 属性中的相关选项设置来启用。具体操作过程：双击项目树 PLC 文件夹中的设备组态，打开 PLC 视图，右击 PLC 图标打开属性界面，选中巡视窗口中属性下的"常规"选项，打开"脉冲发生器"文件夹中的"系统和时钟存储器"选项，然后勾选相应的项目启动即可，如图 3-13 所示。本例中要使用到系统存储器中的首次循环（FirstScan）和时钟存储器中的 1Hz 时钟，其默认地址分别为 M1.0 和 M0.5。

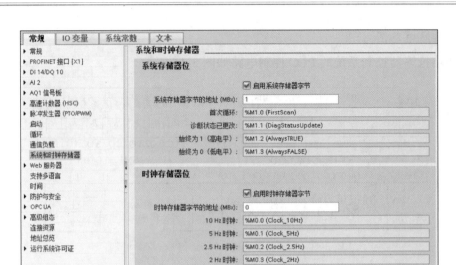

图 3-13　系统存储器和时钟存储器的启用

3.变量的设置

按照项目输入、输出信号和程序编写的需求新建项目变量表，添加如图 3-14 所示变量。

		名称	数据类型	地址 ▲	保持	从 H...	从 H...	在 H...	注释
1		SB0	Bool	%I0.0		☑	☑	☑	复位按钮
2		SB1	Bool	%I0.1		☑	☑	☑	1#抢答按钮
3		SB2	Bool	%I0.2		☑	☑	☑	2#抢答按钮
4		SB3	Bool	%I0.3		☑	☑	☑	3#抢答按钮
5		SB4	Bool	%I0.4		☑	☑	☑	4#抢答按钮
6		L0	Bool	%Q0.0		☑	☑	☑	复位指示灯
7		L1	Bool	%Q0.1		☑	☑	☑	1#抢答指示灯
8		L2	Bool	%Q0.2		☑	☑	☑	2#抢答指示灯
9		L3	Bool	%Q0.3		☑	☑	☑	3#抢答指示灯
10		L4	Bool	%Q0.4		☑	☑	☑	4#抢答指示灯
11		a	Bool	%Q2.0		☑	☑	☑	数码管a段
12		b	Bool	%Q2.1		☑	☑	☑	数码管b段
13		c	Bool	%Q2.2		☑	☑	☑	数码管c段
14		d	Bool	%Q2.3		☑	☑	☑	数码管d段
15		e	Bool	%Q2.4		☑	☑	☑	数码管e段
16		f	Bool	%Q2.5		☑	☑	☑	数码管f段
17		g	Bool	%Q2.6		☑	☑	☑	数码管g段
18		REST_FLAG	Bool	%M5.0		☑	☑	☑	复位标志
19		POS1_FLAG	Bool	%M5.1		☑	☑	☑	1#抢答成功标志
20		POS2_FLAG	Bool	%M5.2		☑	☑	☑	2#抢答成功标志
21		POS3_FLAG	Bool	%M5.3		☑	☑	☑	3#抢答成功标志
22		POS4_FLAG	Bool	%M5.4		☑	☑	☑	4#抢答成功标志

图 3-14　本项目变量表的设置

4.程序的编写

利用置位和复位指令编写复位和各工位抢答标志位程序段，不同的标志点亮各自对应指示。实现复位与抢答指示程序如图 3-15 所示。

程序段1：复位标志

```
%M1.0                                              %M5.0
"FirstScan"                                        "REST_FLAG"
  ┤ ├─────────┬────────────────────────────────────( )──────

%I0.0                                              %M5.1
"SB0"                                              "POS1_FLAG"
  ┤ ├─────────┘                                   ─(RESET_BF)──
                                                        4
```

程序段2：1#位抢答成功标志

```
%I0.1         %M5.0         %I0.2        %I0.3        %I0.4        %M5.1
"SB1"         "REST_FLAG"   "SB2"        "SB3"        "SB4"        "POS1_FLAG"
  ┤ ├──────────┤ ├───────────┤/├──────────┤/├──────────┤/├─────────( S )──────
```

程序段3：2#位抢答成功标志

```
%I0.2         %M5.0         %I0.1        %I0.3        %I0.4        %M5.2
"SB2"         "REST_FLAG"   "SB1"        "SB3"        "SB4"        "POS2_FLAG"
  ┤ ├──────────┤ ├───────────┤/├──────────┤/├──────────┤/├─────────( S )──────
```

程序段4：3#位抢答成功标志

```
%I0.3         %M5.0         %I0.1        %I0.2        %I0.4        %M5.3
"SB3"         "REST_FLAG"   "SB1"        "SB2"        "SB4"        "POS3_FLAG"
  ┤ ├──────────┤ ├───────────┤/├──────────┤/├──────────┤/├─────────( S )──────
```

程序段5：4#位抢答成功标志

```
%I0.4         %M5.0         %I0.1        %I0.2        %I0.3        %M5.4
"SB4"         "REST_FLAG"   "SB1"        "SB2"        "SB3"        "POS4_FLAG"
  ┤ ├──────────┤ ├───────────┤/├──────────┤/├──────────┤/├─────────( S )──────
```

程序段6：复位指示灯

```
%M5.0                                              %Q0.0
"REST_FLAG"                                        "L0"
  ┤ ├───────────────────────────────────────────────( )──────

%M5.1         %M0.5                                %Q0.1
"POS1_FLAG"   "Clock_1Hz"                          "L1"
  ┤ ├──────────┤ ├───────────────────────────────────( )──────

%M5.2         %M0.5                                %Q0.2
"POS2_FLAG"   "Clock_1Hz"                          "L2"
  ┤ ├──────────┤ ├───────────────────────────────────( )──────

%M5.3         %M0.5                                %Q0.3
"POS3_FLAG"   "Clock_1Hz"                          "L3"
  ┤ ├──────────┤ ├───────────────────────────────────( )──────

%M5.4         %M0.5                                %Q0.4
"POS4_FLAG"   "Clock_1Hz"                          "L4"
  ┤ ├──────────┤ ├───────────────────────────────────( )──────
```

图 3-15　实现复位与抢答指示程序

53

对于数码管各段的输出，按照表 3-4 整理的数码管各段与状态标志位之间的关系，通过标志位触点并联的方式分别写出梯形图程序，编写复位和各工位抢答标志位程序段，不同的标志点亮各自对应的指示灯，各段的控制程序如图 3-16 所示。切记不要通过各个抢答标志位单独驱动不同的数码管段的线圈，以免造成双线圈现象的出现。

程序段7：数码管a段

```
  %M5.0                                    %Q2.0
"REST_FLAG"                                  "a"
   ─┤ ├──────────────────────────────────( )──┤
  %M5.2
"POS2_FLAG"
   ─┤ ├──
  %M5.3
"POS3_FLAG"
   ─┤ ├──
```

程序段10：数码管d段

```
  %M5.0                                    %Q2.3
"REST_FLAG"                                  "d"
   ─┤ ├──────────────────────────────────( )──┤
  %M5.2
"POS2_FLAG"
   ─┤ ├──
  %M5.3
"POS3_FLAG"
   ─┤ ├──
```

程序段8：数码管b段

```
  %M5.0                                    %Q2.1
"REST_FLAG"                                  "b"
   ─┤ ├──────────────────────────────────( )──┤
  %M5.1
"POS1_FLAG"
   ─┤ ├──
  %M5.2
"POS2_FLAG"
   ─┤ ├──
  %M5.3
"POS3_FLAG"
   ─┤ ├──
  %M5.4
"POS4_FLAG"
   ─┤ ├──
```

程序段11：数码管e段

```
  %M5.0                                    %Q2.4
"REST_FLAG"                                  "e"
   ─┤ ├──────────────────────────────────( )──┤
  %M5.2
"POS2_FLAG"
   ─┤ ├──
```

程序段12：数码管f段

```
  %M5.0                                    %Q2.5
"REST_FLAG"                                  "f"
   ─┤ ├──────────────────────────────────( )──┤
  %M5.4
"POS4_FLAG"
   ─┤ ├──
```

程序段9：数码管c段

```
  %M5.0                                    %Q2.2
"REST_FLAG"                                  "c"
   ─┤ ├──────────────────────────────────( )──┤
  %M5.1
"POS1_FLAG"
   ─┤ ├──
  %M5.3
"POS3_FLAG"
   ─┤ ├──
  %M5.4
"POS4_FLAG"
   ─┤ ├──
```

程序段13：数码管g段

```
  %M5.2                                    %Q2.6
"POS2_FLAG"                                  "g"
   ─┤ ├──────────────────────────────────( )──┤
  %M5.3
"POS3_FLAG"
   ─┤ ├──
  %M5.4
"POS4_FLAG"
   ─┤ ├──
```

图 3-16　实现抢答工位数码显示的程序

四、工作任务

任务名称	任务 3-1：四路抢答器抢答功能的实现	
小组成员	组长：　　　　　　　　　　　　　　成员：	
任务环境	主要设备 / 材料	主要工具
	1）SIMATIC S7-1214C DC/DC/DC 2）SB1231 AQ1 × 12bit、SM1222RLY 3）24V SIMATIC 电源 4）按钮、指示灯、数码管、电阻等 5）BVR 0.75mm² 连接导线 6）PC+TIA Portal V15 平台	1）铅笔（2B） 2）直尺（300mm） 3）绘图橡皮 4）数字万用表 5）一字、十字螺钉旋具 6）剥线钳
参考资料	教材、任务单、PLC1200 技术手册	
任务要求	1）制订工作方案，包括人员分工、接线、调试规划、安全预案等 2）使用万用表检测设备电源供电电压是否正常 3）绘制能实现复位、抢答和指示灯功能的电气原理图，并按图接线 4）编写 PLC 梯形图程序，实现复位和四路抢答指示的功能 5）进行软硬件联机调试，实现要求的功能 6）规范操作，确保工作安全和设备安全 7）记录工作过程，进行学习总结和学习反思 8）注重团队合作，组内协助工作 9）保持工作环境整洁，形成良好的工作习惯	
工作过程	1）小组讨论，确定人员分工，小组协作完成工作任务 2）查阅资料，小组讨论，确定工作方案，参照教材相关内容绘制硬件接线图 3）合闸送电，使用万用表测量 AC 380V、AC 220V、DC 24V 电源，确保输出正常 4）断开电源，规范使用工具完成系统线路安装，确保线路安装正确安全 5）按照现场提供的 PLC 模块实际情况在 Portal 平台完成组态和时钟启用设置 6）参照教材相关内容，完成系统程序的编写，并进行下载和运行调试 7）合闸送电，下载程序，调试系统各项功能，如有缺陷应持续进行修改完善 8）按照检查表，检查作业成果是否达标 9）对作业不正确、不完善或不规范的地方进行改进 10）整理保存相关资料 11）清理工位，复原设备模块，清扫工作场地 12）小组讨论，总结学习成果，反思学习不足	
注意事项	1）文明作业，爱护实训设备 2）规范操作，重视操作安全 3）合作学习，注重团队协作 4）及时整理，保持环境整洁 5）总结反思，持续改进提升	

任务名称	任务 3-2：四路抢答器抢答工位号的显示	
小组成员	组长：	成员：

任务环境	主要设备 / 材料	主要工具
	1）SIMATIC S7–1214C DC/DC/DC 2）SB1231 AQ1 × 12bit、SM1222RLY 3）24V SIMATIC 电源 4）按钮、指示灯、数码管、电阻等 5）BVR 0.75mm² 连接导线 6）PC+TIA Portal V15 平台	1）铅笔（2B） 2）直尺（300mm） 3）绘图橡皮 4）数字万用表 5）一字、十字螺钉旋具 6）剥线钳

参考资料	教材、PLC1200 技术手册、SCE–PLC01 PLC 控制技术实训装置使用手册

任务要求	1）在任务 3-1 的基础上，完成抢答器抢答工位号的显示功能 2）在任务 3-1 电路图的基础上，设计显示部分的电路图，并完成线路安装 3）在任务 3-1 基础上，完善数码管抢答工位显示功能程序 4）进行软硬件联机调试，实现要求的功能 5）规范操作，确保工作安全和设备安全 6）记录工作过程，进行学习总结和学习反思 7）注重团队合作，组内协助工作 8）保持工作环境整洁，形成良好的工作习惯

工作过程	1）小组讨论，确定人员分工，小组协作完成工作任务 2）查阅资料，小组讨论，确定工作方案，参照教材相关内容绘制硬件接线图 3）合闸送电，使用万用表测量 AC 380V、AC 220V、DC 24V 电源，确保输出正常 4）断开电源，规范使用工具完成系统线路安装，确保线路安装规范安全 5）参照教材相关内容，完成系统程序的编写，并进行下载和运行调试 6）合闸送电，下载程序，调试系统各项功能，如有缺陷应持续进行修改完善 7）按照检查表，检查作业成果是否达标 8）对作业不正确、不完善或不规范的地方进行改进 9）整理保存相关资料 10）清理工位，复原设备模块，清扫工作场地 11）小组讨论，总结学习成果，反思学习不足

注意事项	1）规范操作，确保人身安全和设备安全 2）仔细核对，杜绝因电源错接等造成不可逆转的严重后果 3）合作学习，注重团队协作，分工配合，共同完成工作任务 4）分色接线，便于查故检修，降低误接事故概率 5）及时整理，保持环境整洁，保证实训设备持续稳定使用

\"可编程控制技术\"课程学习结果检测表		
任务名称	任务 3-1：四路抢答器抢答功能的实现	
	检测内容	是否达标
材料准备	电工安装工具、绘图工具可正常使用	
	PLC 整机、电源等设备完好，供电正常	
	连接线红、黑、蓝、绿各 20 根，外观完好，无机械损伤	
	按钮、指示灯等器材数量足够，检测功能完好	
	数字万用表外观完好，检测功能正常，表笔绝缘层无损伤	
操作过程	接线前进行小组讨论，制订详细的工作方案	
	接线前对设备和器材进行目视检查，用万用表完成电气功能检测	
	接线前绘制接线原理图，并经教师检验正确	
	断开电源开关接线，规范使用工具，线路安装正确、可靠	
	接线结束后仔细核对接线情况，确保实际接线与接线图一致	
	根据现场实际提供的 PLC 模块型号进行组态	
	正确设置 PC 和 PLC 的 IP 地址，确保通信正常	
	根据项目工作实际需要，规范、准确地建立变量表	
	正确启用系统存储器和时钟存储器	
	能快速准确找到置位、复位和特殊时钟指令，进行程序编辑	
	正确下载组态和程序到现场设备，并观察调试功能	
操作结果	主持人按 SB0 时，抢答器可以实现复位，HL0 复位指示灯正确指示	
	1# 工位抢答成功，HL1 正确闪烁；且该工位抢答后，其他工位再抢答无效	
	2# 工位抢答成功，HL2 正确闪烁；且该工位抢答后，其他工位再抢答无效	
	3# 工位抢答成功，HL3 正确闪烁；且该工位抢答后，其他工位再抢答无效	
	4# 工位抢答成功，HL4 正确闪烁；且该工位抢答后，其他工位再抢答无效	
	操作过程规范，元器件摆放整齐，工位整洁	

"可编程控制技术"课程学习结果检测表

任务名称	任务 3-2：四路抢答器抢答工位号的显示	
	检测内容	是否达标
材料准备	实训 PLC 整机、电源等装置完好，供电正常	
	电工安装工具、绘图工具可正常使用	
	连接线红、黑、蓝、绿各 15 根，外观完好，无机械损伤	
	数码管检测功能完好	
	数字万用表外观完好，检测功能正常，表笔绝缘层无损伤	
操作过程	接线前进行小组讨论，制订详细的工作方案	
	接线前使用万用表检查数码管的各段，显示正常	
	接线前在任务 3-1 的基础上补充接线原理图，并经教师检验正确	
	断开电源开关接线，规范使用工具接线，线路安装正确、可靠	
	接线结束后仔细核对接线情况，确保实际接线与接线图一致	
	在任务 3-1 的基础上补充定义数码管控制所需的变量	
	修改 I/O 扩展模块 SM1223 的起始地址，确保和变量表定义一致	
	列写数码管抢答工位显示译码真值表	
	归纳数码管显示控制输出信号与抢答标志位之间的关系表	
	根据输出信号与抢答标志位之间的关系正确编写梯形图程序	
	正确下载组态和程序到现场设备，并观察调试功能	
操作结果	主持人按 SB0 使抢答器复位时，数码管显示数字 0	
	1# 工位抢答成功时，数码管显示数字 1	
	2# 工位抢答成功时，数码管显示数字 2	
	3# 工位抢答成功时，数码管显示数字 3	
	4# 工位抢答成功时，数码管显示数字 4	
	操作过程规范，元器件摆放整齐，工位整洁	

"可编程控制技术"课程学习学生工作记录页

任务名称	任务 3-1：四路抢答器抢答功能的实现		
组别	工位		姓名
第　　组			

	1. 资讯（知识点积累、资料准备）			
	2. 计划（制订计划）			
	3. 决策（分析并确定工作方案）			
工作过程	4. 实施			
	5. 检测			
	结果观察			
	缺陷与改进	序号	故障现象	原因分析	是否解决
		1			
		2			
	6. 评价			
	小组自评	完成情况　□优秀　　□良好　□合格　□不合格		
		效果评价　□非常满意　□满意　□一般　□需改进		
	教师评价	评语		
		综评等级　□优秀　　□良好　□合格　□不合格		
总结反思				

"可编程控制技术"课程学习学生工作记录页			
任务名称	任务3-2：四路抢答器抢答工位号的显示		
组别	工位		姓名
第　组			

工作过程	1.资讯（知识点积累、资料准备）				
	2.计划（制订计划）				
	3.决策（分析并确定工作方案）				
	4.实施				
	5.检测				
	结果观察				
	缺陷与改进	序号	故障现象	原因分析	是否解决
		1			
		2			
	6.评价				
	小组自评	完成情况　□优秀　□良好　□合格　□不合格			
		效果评价　□非常满意　□满意　□一般　□需改进			
	教师评价	评语			
		综评等级　□优秀　□良好　□合格　□不合格			
总结反思					

项目小结

本项目主要介绍了 PLC 的工作过程、S7-1200 存储器的分类及寻址方式等基本知识，并通过四路抢答器的控制任务介绍了系统存储器、时钟存储器的启用等基本操作；介绍了边沿检测指令、置位/复位指令、系统和时钟特殊存储位的使用方法；通过编写抢答器复位、抢答和数码管显示程序，进一步强化了梯形图程序的基本编辑和处置双线圈问题的方法；组建了四路抢答器控制的硬件系统，使学生对数码管等器件控制的电气原理有了更深刻的认识。

通过本项目的学习，我们可以尝试设计并制作更多抢答工位的抢答器控制系统。

 习题检测

1. 选择题

1-1 上升沿检测指令的符号是（   ）。

A. $\overset{\text{"IN"}}{\overset{|}{\underset{\text{"M\_Bit"}}{|P|}}}$ B. $\overset{\text{"IN"}}{\overset{|}{\underset{\text{"M\_Bit"}}{|N|}}}$

C. $\overset{\text{"OUT"}}{(\ S\ )}$

1-2 在 Portal V15 中，S7-1200 1Hz 时钟默认的存储地址是（   ）。

A. M0.0   B. M0.1   C. M0.3   D. M0.5

1-3 在 Portal V15 中，S7-1200 FirstScan 默认的存储地址是（   ）。

A. M1.0   B. M1.1   C. M1.2   D. M1.3

1-4 组态 PLC 的 CPU 时，在添加新设备界面应选择（   ）。

A. 控制器   B. HMI   C. PC 系统   D. 驱动

1-5 PLC 的 CPU 为用户程序提供的存储器组件是（   ）。

A. 装载存储器   B. 工作存储器   C. 系统存储器   D. 临时存储器

1-6 REST_BF 指令是（   ）。

A. 多点置位指令   B. 多点复位指令   C. 置位指令   D. 复位指令

2. 简答题

2-1 简述 PLC 的工作方式，并描述 PLC 工作过程中三个阶段的工作内容。

2-2 简述触点边沿检测指令和触点常开、常闭指令有何不同。

2-3 简述普通线圈指令和线圈置位、复位指令有何不同。

3. 设计题

使用 S7-1200 作为核心控制器件设计一个三人表决器，实现多数原则表决的功能。具体要求：系统设置 1 个复位按钮和 3 个同意表决按钮，设置 1 个复位指示灯和 1 个表决结果指示灯。按下复位按钮，复位指示灯点亮，系统开始表决，当三人中有两人以上按下表决同意按钮，表决结果为通过，表决指示灯亮，复位指示灯灭；否则，表决结果不通过，表决指示灯灭，复位指示灯灭。表决结束后，按复位按钮进入新一轮表决过程。

请给出 PLC 变量地址分配表、系统电路图、梯形图程序。

项目 4

运输带顺起逆停系统的组装与调试

一、学习目标

1. 会分析三条运输带 PLC 控制系统的功能需求。
2. 描述定时器指令的种类及各指令的主要参数功能。
3. 运用 PLC 定时器指令编写时序控制程序。
4. 使用程序监视界面进行程序运行监测与程序调试。
5. 使用监控表进行程序运行监测与程序调试。
6. 使用 PLC 仿真进行系统调试。
7. 接受以小组为单位的学习方式，树立工具、设备使用的安全意识。
8. 形成良好的思想道德修养和职业道德素养。

二、项目描述

运输带是工业生产现场进行产品转运的常见设备，在远距离或转折路径的运输系统中，一般都采用多级转运的方式实现运输功能。以 PLC 作为控制器，设计制作一套三级运输带控制系统，实现各级运输带的起动和停止控制。

具体要求：系统三级运输带 T1、T2、T3 分别由 3 台三相交流异步电动机拖动运行，系统电气原理图如图 4-1 所示；3 台电动机的主电路分别由接触器 KM1、KM2、KM3 控制，控制电路分别由三个中间继电器 KA1、KA2、KA3 控制；为防止运输带系统起停时前后级转接处出现货物堆积现象，要求设备具有顺序起动、逆序停止的逻辑功能，即按下起动按钮 SB1 后，T1 先起动，5s 后 T2 起动，再 5s 后 T3 起动，按下停止按钮 SB2 后，T3 先停止，3s 后 T2 停止，再 3s 后 T3 停止；按下急停按钮 SB0，设备立即停止。

该系统的电气线路均已配接完成，需要在 TIA Portal 平台中编写系统控制程序，并通过程序监控和仿真功能调试程序，以验证程序功能的正确性。

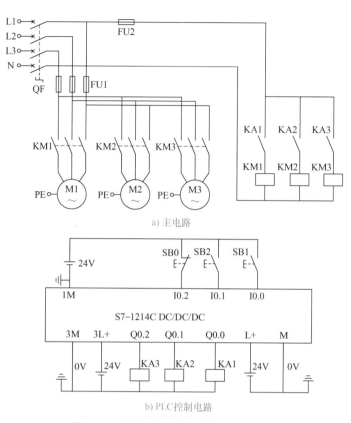

a) 主电路

b) PLC控制电路

图 4-1　三级运输带控制系统电气原理图

三、相关知识和关键技术

3.1　相关知识

3.1.1　S7–1200 的定时器

定时器的作用类似于继电器 – 接触器控制系统中的时间继电器，但种类和功能比时间继电器要强大得多。S7–1200 PLC 共有 4 种定时器，即脉冲定时器（TP）、接通延时定时器（TON）、关断延时定时器（TOF）和保持型接通延时定时器（TONR），见表 4-1。

使用定时器指令在程序中可以创建延时功能，每一个定时器都有一个 16B 的数据块来存储定时器指令的数据，TIA Portal 软件会在插入定时器指令时自动创建该数据块，用户可以采用默认设置，也可手动自行设置。用户在程序中可以使用的定时器个数仅受限于 CPU 的存储器容量。

表 4-1 S7-1200 的定时器

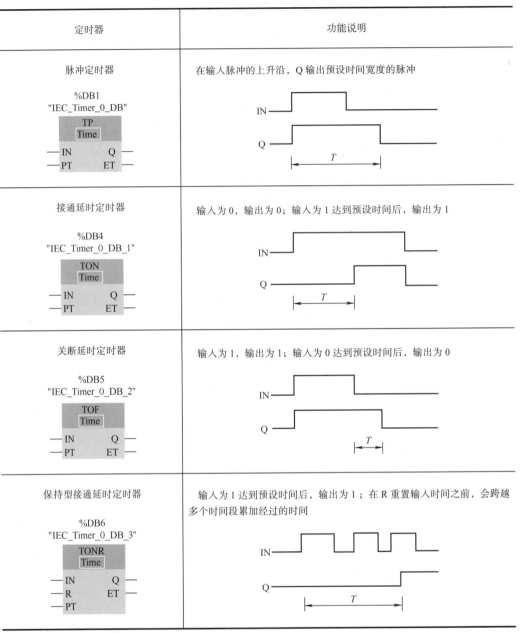

定时器	功能说明
脉冲定时器 %DB1 "IEC_Timer_0_DB" TP Time IN Q PT ET	在输入脉冲的上升沿，Q 输出预设时间宽度的脉冲
接通延时定时器 %DB4 "IEC_Timer_0_DB_1" TON Time IN Q PT ET	输入为 0，输出为 0；输入为 1 达到预设时间后，输出为 1
关断延时定时器 %DB5 "IEC_Timer_0_DB_2" TOF Time IN Q PT ET	输入为 1，输出为 1；输入为 0 达到预设时间后，输出为 0
保持型接通延时定时器 %DB6 "IEC_Timer_0_DB_3" TONR Time IN Q R ET PT	输入为 1 达到预设时间后，输出为 1；在 R 重置输入时间之前，会跨越多个时间段累加经过的时间

3.1.2 定时器指令的参数及功能

1. 脉冲定时器（TP）

脉冲定时器类似于数字电路中上升沿触发的单稳态电路。在输入信号的上升沿，Q 输出为 1，开始输出脉冲，达到预置的时间时，Q 输出变为 0。输出信号的脉冲宽度仅取决于预置时间 PT，在脉冲输出期间，即使输入信号又出现上升沿，也不会影响脉冲的输出。其参数说明见表 4-2。

表 4-2   脉冲定时器（TP）参数说明

定时器	参数	数据类型	作用
%DB1 "IEC_Timer_0_DB" TP Time —IN Q— —PT ET—	IN	BOOL	上升沿启动定时器
	Q	BOOL	脉冲输出
	PT	Time	脉冲的持续时间，PT 参数的值必须为正数
	ET	Time	当前时间值

在图 4-2a 所示的脉冲定时器梯形图程序中，" %DB1" 是定时器的背景数据块，[RT] 为定时器的复位线圈；图 4-2b 给出了其工作时序。当 I0.0 从 0 变为 1 时，Q 变为 1，开始输出脉冲，脉冲时间到达 PT 预置的时间 10s 时，Q 变为 0。当 I0.1 为 1 时，定时器复位线圈通电，定时器被复位。如果此时正在定时，且 IN 为 0 状态，将使已耗尽时间清 0，Q 输出也变为 0；如果此时正在定时，且 IN 为 1 状态，将使已耗尽时间清 0，Q 输出保持 1 的状态。当复位信号变为 0 状态时，IN 输入为 1，将重新开始定时。

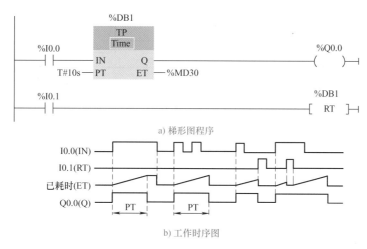

a) 梯形图程序

b) 工作时序图

图 4-2   脉冲定时器的应用及时序图

2. 接通延时定时器（TON）

接通延时定时器在其输入端由断开变为接通时开始计时，当定时时间大于或等于预置的时间时，Q 输出为 1。当输入端断开时，定时器被复位，已耗时间被清 0，Q 输出变为 0。在 CPU 第一次扫描时，接通延时定时器被复位。其参数说明见表 4-3。

表 4-3   接通延时定时器（TON）参数说明

定时器	参数	数据类型	作用
%DB4 "IEC_Timer_0_DB_1" TON Time —IN Q— —PT ET—	IN	BOOL	启动定时器
	Q	BOOL	超过时间 PT 后，置位输出
	PT	Time	接通延时的持续时间，PT 参数的值必须为正数
	ET	Time	当前时间值

图 4-3a 所示为接通延时定时器梯形图程序，图 4-3b 给出了其工作时序。当 I0.0 从 0 变为 1 时，开始计时，当计时时间大于或等于 PT 预置的时间 10s 时，定时器停止计时且保持为预设值，即 ET 保持 10s 不变，Q 输出 1，且只要输入 IN 为 1 不变，定时器就一直保持此状态。当定时器输入端 I0.0 变为 0 时，定时器被复位，ET 被清 0，输出 Q 变为 0。当输入 I0.0 在未达到 PE 预设值设定的时间变为 0 时，输出 Q 保持 0 的状态不变。程序中 I0.1 为 1 时，定时器复位线圈通电，定时器被复位，已耗时间被清 0，输出 Q 变为 0。I0.1 为 0 时，如果 IN 为 1 状态，将重新开始定时。

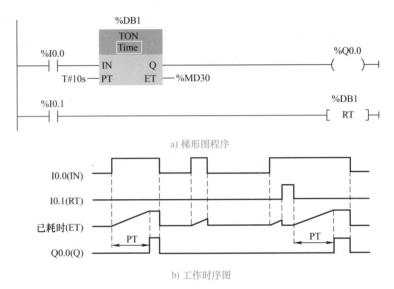

a) 梯形图程序

b) 工作时序图

图 4-3 接通延时定时器的应用及时序图

3. 关断延时定时器（TOF）

关断延时定时器在其输入端接通时，定时器的输出立刻为 1，并把消耗计时清除为 0；输出端断开时开始计时，当计时时间大于或等于预置的时间时，Q 输出为 0。其参数说明见表 4-4。

表 4-4 关断延时定时器（TOF）参数说明

定时器	参数	数据类型	作用
%DB5 "IEC_Timer_0_DB_2" TOF Time IN Q PT ET	IN	BOOL	启动定时器
	Q	BOOL	超过时间 PT 后，复位输出
	PT	Time	关断延时的持续时间，PT 参数的值必须为正数
	ET	Time	当前时间值

图 4-4a 所示为关断延时定时器梯形图程序，图 4-4b 给出了其工作时序。当 I0.0

为 1 时，定时器尚未定时且当前计时值为 0，输出 Q 为 1。当输入 I0.0 由 1 变为 0 时，定时器开始计时，当计时时间大于或等于 PT 预置的时间 10s 时，定时器停止计时且保持为预设值，即 ET 保持 10s 不变，Q 输出变为 0。当定时器输入端 I0.1 再次变为 1 时，定时器被复位，ET 被清 0，输出 Q 变为 1。程序中 I0.1 为 1 时，定时器复位线圈通电，定时器被复位，已耗时间被清 0，输出 Q 变为 0。如果复位时输入端 IN 为 1，则复位信号不起作用，不能完成复位。

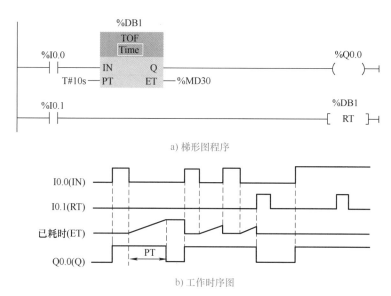

a) 梯形图程序

b) 工作时序图

图 4-4　关断延时定时器的应用及时序图

4. 保持型接通延时定时器（TONR）

保持型接通延时定时器在其输入端接通时，开始计时，输入端断开时，累计已消耗时间保持不变，可以累计输入端接通的间隔时间，大于或等于预置的时间时，定时器输出为 1。其参数说明见表 4-5。

表 4-5　保持型接通延时定时器（TONR）参数说明

定时器	参数	数据类型	作用
%DB6 "IEC_Timer_0_DB_3" TONR Time IN Q R ET PT	IN	BOOL	启动定时器
	R	BOOL	复位定时器
	PT	Time	时间记录的最长持续时间，PT 参数的值必须为正数
	Q	BOOL	超过时间 PT 后，置位输出
	ET	Time	累计的时间值

图 4-5a 所示为保持型接通延时定时器梯形图程序，图 4-5b 给出了其工作时序。

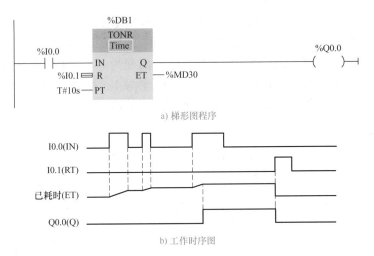

a) 梯形图程序

b) 工作时序图

图 4-5 保持型接通延时定时器的应用及时序图

3.1.3 程序的监控

在进行 PLC 调试的过程中，我们需要及时了解程序运行的实时结果，即对程序进行监控操作。TIA Portal 提供了程序状态监视和监控表两种方法。

将设备组态和程序下载到 PLC，并启动 PLC 为 RUN 模式，运行指示灯绿色长亮后，在 TIA Portal 平台打开 MAIN 窗口，单击工具栏目中的"启用 / 禁止"监视按钮，即可进入程序监视界面。此时，梯形图程序绿色实线表示有能流流过，蓝色虚线表示没有能流流过，灰色实线表示未知或程序没有执行，黑色实线表示没有连接。

在项目树中选择"监控与强制表"目录下的"添加新监控表"菜单，可以建立监控表，用于监控指定的变量单元，可以实时显示程序运行过程中的表中设置变量单元的值。

3.1.4 PLC 的仿真

在工程调试的过程中，利用计算机构造一个虚拟的 PLC，使得几乎所有在实际 PLC 上进行的工作，都可以在虚拟 PLC 上实现，这就是 PLC 的仿真。PLC 仿真技术能够使控制系统的开发设计脱离 PLC 硬件本身，能够给系统的开发提供一种有效的辅助手段，具有经济、灵活、高效等优点。同时，PLC 仿真为 PLC 程序的调试提供强有力的手段和工具，为校验 PLC 控制系统提供了完美的虚拟环境。S7-PLCSIM 在 V13 SP1 版本以上具有仿真功能，固件版本为 V4.0 及更高版本。

在 TIA Portal 平台项目视图下，选中项目树中相应的 PLC 站点，单击工具栏上的开始仿真按钮，即可启动仿真。

3.2 关键技术

3.2.1 项目分析

本项目要求使用 PLC 作为控制器设计制作一套三级运输带控制系统，实现各级运输带之间顺序起动逆序停止的控制功能。其任务主要包括两方面：一是顺序起动逆序停止程序控制代码的编写；二是要对所编写的代码功能进行调试验证。本项目可以通过 TON 指令实现三级运输带的顺序起动功能，通过 TOF 指令实现三级运输带的逆序停止功能。通过程序监视界面和建立程序监控表的方式验证程序的顺序起动功能，通过 PLC 仿真的方式来验证程序的逆序停止功能。

3.2.2 程序编写

1. 变量的设置

按照项目输入 / 输出信号和程序编写的需求，以及程序监控、仿真调试的需要新建项目变量表，添加图 4-6 所示变量。

		名称	地址	保持	从 H…	从 H…	在 H…	注释
1		SB1	%I0.0		☑	☑	☑	起动
2		SB2	%I0.1		☑	☑	☑	停止
3		KA1	%Q0.0		☑	☑	☑	KA1
4		KA2	%Q0.1		☑	☑	☑	KA1
5		KA3	%Q0.2		☑	☑	☑	KA1
6		debug-1	%M100.0		☑	☑	☑	起动调试
7		debug-2	%M100.1		☑	☑	☑	停止调试

图 4-6 系统变量表的设置

2. 顺序起动程序

按照系统功能要求的逻辑关系，运输带 T1 的起动条件为按下起动按钮，运输带 T2 的起动条件为运输带 T1 工作后计时到 5s，运输带 T3 的起动条件为运输带 T2 工作后计时到 5s。两个时间要求符合定时器 TON 的工作逻辑，在先不考虑逆序停止的情况下，暂按直接停止编写程序，同时，为了调试方便，程序中在起动按钮上并联了一个常开的调试触点，在起动和停止按钮后串联了一个常闭的调试触点，详细程序如图 4-7 所示。

3. 逆序停止程序

按照系统功能要求的逻辑关系，运输带 T3 的停止条件为按下停止按钮，运输带 T2 的停止条件为按下停止按钮后 3s，运输带 T1 的停止条件为按下停止按钮后 6s。两个时间要求符合 TOF 定时器的工作逻辑，以 M100.0 作为表示系统起动 / 停止运行的状态标志位，使用 TOF 在原顺序起动程序的基础上进行修改，最终程序如图 4-8 所示。

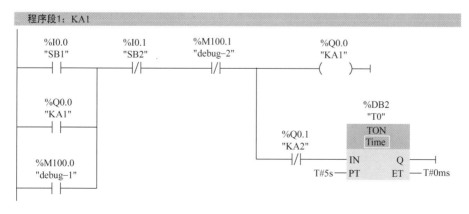

图 4-7 实现顺序起动功能的梯形图

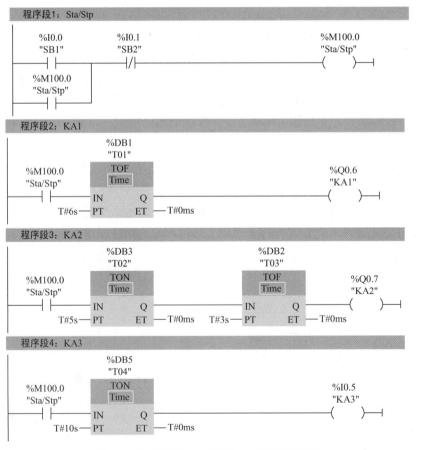

图 4-7 实现顺序起动功能的梯形图（续）

图 4-8 实现顺序起动逆序停止功能的梯形图

3.2.3　使用监控调试验证顺序起动功能

1. 监视界面下的调试

下载程序，启动 PLC 运行，启用监视功能，按下外部起动按钮，观察程序的运行状态，如图 4-9 所示，验证是否能够实现顺序起动的功能。

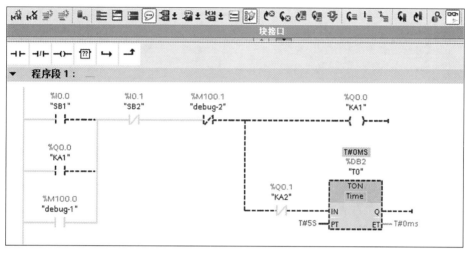

图 4-9　程序运行的监视

在程序监视界面中可以修改变量的值，如图 4-10 所示，右击程序状态中的变量，在弹出的菜单中选择"修改"命令，再选择相应的修改操作。如将停止按钮后的 debug-2 修改为 1，看程序是否能够实现停止操作。需要说明的是，I 变量来自于外部信号输入，不能在程序中通过修改变量状态的操作进行修改。

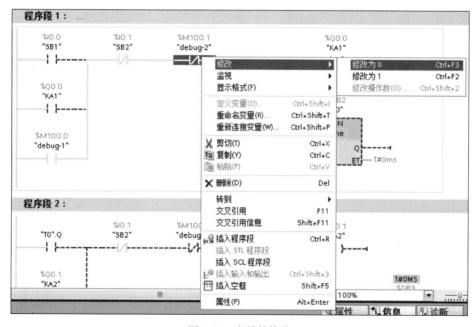

图 4-10　变量的修改

2. 使用变量监控表调试程序

在项目树中展开"监控与强制表",双击"添加新监控表",建立新的监控表，在表中输入要监视的变量，如图 4-11 所示。

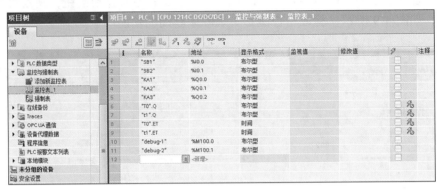

图 4-11　监控表的建立

将 PLC 转至在线，如图 4-12 所示，单击工具栏中的启用监视按钮，观察程序运行过程中监控变量值的情况，可在监控表中修改变量的值，以进行程序的运行控制，如图 4-13 所示，调试观察程序是否符合系统功能要求。

图 4-12　监控表的启用

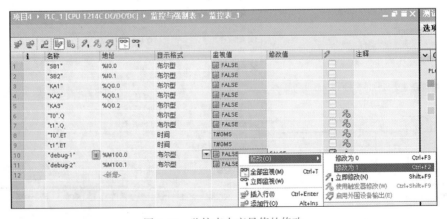

图 4-13　监控表中变量值的修改

3.2.4　使用 PLC 仿真调试验证逆序停止功能

1. 启动仿真

在项目树中选定 PLC 站点，单击工具栏中的开始仿真按钮，在弹出的自动化虚空证管理器对话框中，勾选不再显示启动仿真，将禁止所有其他在线接口提示信息复选框，单击"确定"按钮，基础性 S7–PLCSIM 的精简视图和下载预览对话框，如图 4-14 所示，在附加说明的动作栏勾选全部覆盖，单击"装载"按钮。按照程序的下载操作步骤完成相应操作，在最后一步弹出的下载结果对话框如图 4-15 所示，在起动模块选项中选择"启动模块"，单击"装载"按钮，完成下载操作。

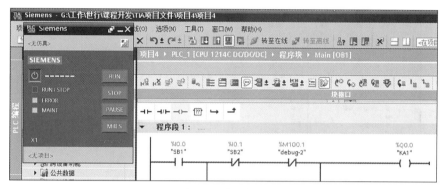

图 4-14　启动仿真

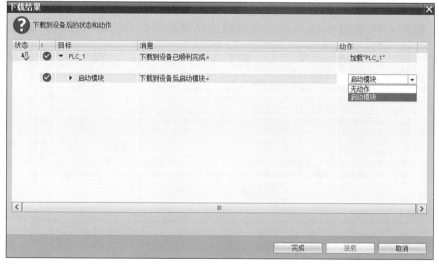

图 4-15　下载结果对话框

2. 生产仿真表

完成启动仿真后，单击 S7–PLCSIM 的精简视图右上角的视图切换按钮切换到项目视图，单击项目视图工具栏的新项目按钮，创建仿真项目，如图 4-16 所示。然后双击项目树中的" SIM 表格 _1"，打开仿真表，如图 4-17 所示。在仿真表的地址栏中输入 PLC 输入 / 输出的绝对地址，将相关变量添加到表中，建立项目仿真表。

图 4-16　创建仿真项目

图 4-17　建立仿真表

3. 进行仿真

分别选择起动和停止按钮所在的行，在其位栏中单击勾选小方框，使其值变为TRUE，如图 4-18 和图 4-19 所示。观察输出结果是否符合运输带控制的逻辑功能。

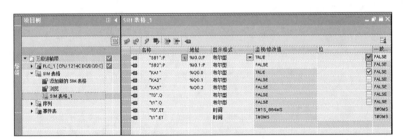

图 4-18　启动功能仿真

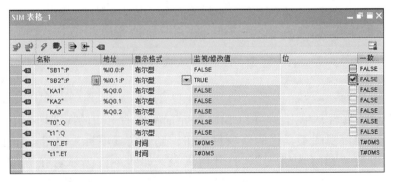

图 4-19　停止功能仿真

四、工作任务

任务名称	任务 4-1：使用监控调试验证顺序起动功能		
小组成员	组长：　　　　　　　　　　　　　成员：		
任务环境		主要设备 / 材料	主要工具
任务环境		1）SIMATIC S7–1214C DC/DC/DC 2）SB1231 AQ1 × 12bit、SM1222RLY 3）24V SIMATIC 电源 4）按钮、指示灯、数码管、电阻等 5）BVR 0.75mm² 连接导线 6）PC+TIA Portal V15 平台	1）铅笔（2B） 2）直尺（300mm） 3）绘图橡皮 4）数字万用表 5）一字、十字螺钉旋具 6）剥线钳
参考资料	教材、任务单、PLC1200 技术手册		
任务要求	1）制订工作方案，包括人员分工、接线、调试规划、安全预案等 2）使用万用表检测设备电源供电电压是否正常，并给 PLC 系统供电 3）编写 PLC 三级运输带顺序起动梯形图程序 4）使用 Portal 监视界面监测并调试程序运行，验证程序功能 5）使用变量监控表监测并调试程序运行，验证程序功能 6）规范操作，确保工作安全和设备安全 7）记录工作过程，进行学习总结和学习反思 8）注重团队合作，组内协助工作 9）保持工作环境整洁，形成良好的工作习惯		
工作过程	1）小组讨论，确定人员分工，小组协作完成工作任务 2）查阅资料，小组讨论，确定工作方案 3）参照教材相关内容编写程序，并下载至现场 PLC 4）运行 PLC 程序，启动监视界面，进行程序调试和功能验证 5）建立监控变量表，添加相关变量 6）使用监控变量表，再次调试和验证程序功能 7）按照检查表，检查作业成果是否达标 8）对工作工程中不完善或不规范的地方进行改进 9）整理保存相关资料 10）清理工位，复原设备模块，清扫工作场地 11）小组讨论，总结学习成果，反思学习不足		
注意事项	1）规范操作，确保人身安全和设备安全 2）仔细核对，杜绝因电源错接等造成不可逆转的严重后果 3）合作学习，注重团队协作，分工配合共同完成工作任务 4）分色接线，便于查故检修，降低误接事故概率 5）及时整理，保持环境整洁，保证实训设备持续稳定使用		

任务名称	任务 4-2：使用 PLC 仿真调试验证逆序停止功能	
小组成员	组长： 成员：	
任务环境	主要设备 / 材料	主要工具
任务环境	1）PC 2）TIA Portal V15 平台	1）铅笔（2B） 2）直尺（300mm） 3）绘图橡皮
参考资料	教材、PLC1200 技术手册	
任务要求	1）在任务 4-1 的基础上完成三级运输带逆序停止功能程序的编写 2）在 Portal 中启动 PLC 仿真功能，下载程序到 S7-PLCSIM 3）创建仿真项目，设置 SIM 仿真表，添加项目仿真变量 4）进行仿真操作，验证程序逆序停止功能是否正确 5）根据仿真结果修改程序，再次进行仿真验证调试 6）规范操作，确保工作安全和设备安全 7）记录工作过程，进行学习总结和学习反思 8）注重团队合作，组内协助工作 9）保持工作环境整洁，形成良好的工作习惯	
工作过程	1）小组讨论，确定人员分工，小组协作完成工作任务 2）查阅资料，小组讨论，确定工作方案 3）参照教材相关内容完成程序的编写 4）启动 PLC 仿真，下载程序到仿真 PLC 5）建立包含项目全部输入、输出和相关中间变量的 SIM 表 6）启动仿真 PLC 运行，输入变量，对照系统功能要求观察输出结果 7）根据仿真运行结果调试完善控制程序 8）再次仿真，再次调试，直至程序达到系统功能要求 9）整理保存相关资料 10）清理工位，复原设备模块，清扫工作场地 11）小组讨论，总结学习成果，反思学习不足	
注意事项	1）文明作业，爱护实训设备 2）规范操作，重视操作安全 3）合作学习，注重团队协作 4）及时整理，保持环境整洁 5）总结反思，持续改进提升	

"可编程控制技术"课程学习结果检测表

任务名称	任务 4-1：使用监控调试验证顺序起动功能	
	检测内容	是否达标
材料准备	电工安装工具、绘图工具可正常使用	
	PLC 整机、电源等设备完好，供电正常	
	连接线红、黑、蓝、绿各 20 根，外观完好，无机械损伤	
	按钮、指示灯等器材数量足够，检测功能完好	
	数字万用表外观完好，检测功能正常，表笔绝缘层无损伤	
操作过程	接线前进行小组讨论，制订详细的工作方案	
	接线前绘制接线原理图，并经教师检验正确	
	将电源、按钮正确接入 PLC	
	根据现场实际提供的 PLC 模块型号进行组态	
	根据项目工作实际需要，规范、准确地建立变量表	
	能快速准确地找到定时器及基本触点指令编写程序	
	能启用监视界面进行程序监测	
	在监视界面下正确修改起动和停止调试变量，进行起、停操作	
	会建立监控变量表	
	能使用监控变量表进行程序监测	
	在监控变量表中正确修改起动和停止调试变量，进行起、停操作	
操作结果	两个 TON 定时器指令的定时参数及背景数据块设置正确	
	在监视界面修改启动调试变量后，监测到 KA1 获得能流	
	KA1 启动 5s 后，监测到 KA2 获得能流	
	KA2 启动 5s 后，监测到 KA3 获得能流	
	在监控变量中修改启动调试变量后，KA1、KA2、KA3 按时序变为"TRUE"	
	操作过程规范，器件摆放整齐，工位整洁	

"可编程控制技术"课程学习结果检测表

任务名称	任务 4-2：使用 PLC 仿真调试验证逆序停止功能	
	检测内容	是否达标
材料准备	计算机系统已完整安装 TIA Portal V15	
	电工安装工具可正常使用	
	绘图工具可正常使用	
操作过程	认真阅读任务要求，讨论制订工作方案	
	按照项目要求正确组态 PLC	
	能根据项目工作实际需要，规范、准确地建立变量表	
	能快速准确地找到定时器及基本触点指令编写程序	
	能快速准确地找到 PLC 仿真按钮启动 PLC 仿真	
	能按照操作步骤下载程序到 S7-PLCSIM	
	能在 S7-PLCSIM 中建立 SIM 表	
	能操作输入变量的启动和停止为 TRUE	
	会观察输出变量 KA1、KA2、KA3 的状态	
	能修改程序中的缺陷，再次仿真	
操作结果	正确进入仿真界面，并顺利完成程序下载	
	正确建立包含所有输入、输出和中间变量的 SIM 表	
	将 SB1 的值修改为"TRUE"后，KA1、KA2、KA3 的值按时间顺序变为"TRUE"	
	正常运行时，修改 SB1 的值为"TRUE"，观察到 KA3 的值立刻变为"FALSE"	
	KA3 的值变为"FALSE"3s 后，观察到 KA2 的值变为"FALSE"	
	KA2 的值变为"FALSE"3s 后，观察到 KA1 的值变为"FALSE"	
	操作过程规范，器件摆放整齐，工位整洁	

"可编程控制技术"课程学习学生工作记录页

任务名称	任务4-1：使用监控调试验证顺序起动功能		
组别	工位		姓名
第　　组			

工作过程		1. 资讯（知识点积累、资料准备）			
		2. 计划（制订计划）			
		3. 决策（分析并确定工作方案）			
		4. 实施			
		5. 检测			
	结果观察				
	缺陷与改进	序号	故障现象	原因分析	是否解决
		1			
		2			
		6. 评价			
	小组自评	完成情况	□优秀　　□良好　　□合格　　□不合格		
		效果评价	□非常满意　　□满意　　□一般　　□需改进		
	教师评价	评语			
		综评等级	□优秀　　□良好　　□合格　　□不合格		

总结反思	

"可编程控制技术"课程学习学生工作记录页			
任务名称	任务 4-2：使用 PLC 仿真调试验证逆序停止功能		
组别	工位		姓名
第　　组			

<table>
<tr><td rowspan="15">工作过程</td><td colspan="5">1.资讯（知识点积累、资料准备）</td></tr>
<tr><td colspan="5"></td></tr>
<tr><td colspan="5">2.计划（制订计划）</td></tr>
<tr><td colspan="5"></td></tr>
<tr><td colspan="5">3.决策（分析并确定工作方案）</td></tr>
<tr><td colspan="5"></td></tr>
<tr><td colspan="5">4.实施</td></tr>
<tr><td colspan="5"></td></tr>
<tr><td colspan="5">5.检测</td></tr>
<tr><td>结果观察</td><td colspan="4"></td></tr>
<tr><td rowspan="3">缺陷与改进</td><td>序号</td><td>故障现象</td><td>原因分析</td><td>是否解决</td></tr>
<tr><td>1</td><td></td><td></td><td></td></tr>
<tr><td>2</td><td></td><td></td><td></td></tr>
<tr><td colspan="5">6.评价</td></tr>
<tr><td rowspan="2">小组自评</td><td>完成情况</td><td>□优秀</td><td>□良好　□合格</td><td>□不合格</td></tr>
</table>

小组自评	效果评价	□非常满意	□满意　□一般	□需改进
教师评价	评语			
	综评等级	□优秀	□良好　□合格	□不合格

总结反思	

 项目小结

本项目主要介绍了 S7-1200 PLC 定时器的种类、各类定时器的参数及功能等基本知识，并基于三级运输带控制系统完成控制程序的编写和调试工作任务，介绍了定时器的编程应用、程序的监控、PLC 的仿真等操作；通过使用监视界面和监控表分别进行顺序起动程序功能的调试和验证，介绍了监控操作在 PLC 调试过程中的应用技术；通过使用 PLC 仿真进行逆序停止程序功能的调试和验证，介绍了仿真在 PLC 调试过程中的应用技术。

通过本项目的学习，我们可以尝试编写更复杂的基于时间变化的顺序控制程序，并使用监控和仿真的方法对程序进行调试和验证。

习题检测

1. 选择题

1-1 接通延时定时器是（　　　　）。

A. TON　　　　　　　B. TOF　　　　　　　C. TP　　　　　　　D. TONR

1-2 接通延时定时器 PT 端的作用是（　　　　）。

A. 启动输入　　　B. 累计时间　　　C. 预设时间　　　D. 复位输入

1-3 在 S7-1200 PLC 定时器指令中预设时间的默认单位是（　　　　）。

A. 秒　　　　　　　B. 毫秒　　　　　　　C. 分　　　　　　　D. 小时

1-4 监视界面中表示能流正常流过的线型是（　　　　）。

A. 黑色实线　　　B. 灰色实线　　　C. 蓝色虚线　　　D. 绿色实线

1-5 启用 / 禁止监视按钮的图标是（　　　　）。

A. ▢　　　　　　　B. ▢　　　　　　　C. ▢　　　　　　　D. ▢

1-6 SIM 表指的是（　　　　）。

A. 默认变量表　　　B. 监控变量表　　　C. 强制变量表　　　D. 仿真变量表

2. 简答题

2-1 简述四种定时器指令的名称并绘制指令符号。

2-2 简述 TON 和 TONF 指令的共性和区别。

2-3 简述 PLC 的仿真操作流程。

3. 设计题

使用 S7-1200 PLC 作为核心控制器件设计一个流水灯控制系统。具体要求：系统设置 1 个起动按钮和 1 个停止按钮，控制对象为 8 个 LED 灯。按下起动按钮，8 个 LED 灯按钮按顺序从第 1 个到第 8 个依次点亮，每个 LED 灯点亮的时间为 1s，最后一个 LED 灯熄灭后，第一个 LED 灯再次点亮，依次循环。

请给出 PLC 变量地址分配表、系统电路图及梯形图程序。

项目 5

液体混合搅拌控制系统的组装与调试

一、学习目标

1.分析两种液体混合搅拌控制系统的功能需求，规划硬件需求。

2.说出顺序功能图的组成及三种基本结构。

3.运用 PLC 计数器指令编写程序。

4.绘制出两种液体混合搅拌控制系统的状态图和顺序功能图。

5.能将顺序功能图转换成梯形图程序。

6.编写两种液体混合搅拌控制系统梯形图程序及调试，验证运行结果，并展示现象。

7.遵守操作规范，记录工作过程，注重团结合作，保持工作环境整洁，形成良好工作习惯。

二、项目描述

由 PLC 控制的多种液体自动混合装置，适用于如饮料的生产、酒厂的配液、农药厂的配比等。图 5-1 为多种液体混合搅拌控制系统图，S1、S2、S3 为液位传感器，液面到达相应位置时接通，三种液体的流入和混合液放液阀门分别由电磁阀 Y1、Y2、Y4 控制，M 为搅拌电动机。

控制要求：

1）初始状态。装置初始状态为液体 A、液体 B 加注管道，阀门 Y1、Y2 关闭，放液阀门 Y4 关闭，搅拌电动机 M 停止。

2）起动操作。按下起动按钮，电磁阀 Y1 闭合，开始注入液体 A，液位到达 S3 对应的高度，停止注入液体 A。同时，电磁阀 Y2 闭合，注入液体 B，液体到达 S1 对应的高度，停止注入液体 B，搅拌电动机 M 开始工作，搅拌电动机搅拌 10s 后停止，同时阀门 Y4 闭合，开始放出混合液体，液面下降至 S3 对应的高度时，开始计时，经 2s 后液体全部放出，关闭 Y4，如此循环 3 次后停止。

3）停止操作，在工作中如果按下停止按钮，搅拌机不立即停止工作，只有当前混合操作处理完毕，才停止工作，即停在初始状态。

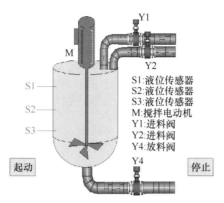

图 5-1 多种液体混合搅拌控制系统图

三、相关知识和关键技术

3.1 相关知识

3.1.1 顺序控制设计法概述

1. 顺序控制

如果一个控制系统可以分解成几个独立的控制动作，且这些动作必须严格按照一定的先后顺序，在各个输入信号的作用下，根据内部状态和时间的顺序，在生产过程中各个执行机构自动、有秩序地进行操作，这样的系统称为顺序控制系统，也称为步进控制系统。这样的顺序控制系统一般使用顺序控制设计法，即首先根据系统的工艺过程和运动规律画出顺序功能图；其次根据顺序功能图编写程序，这种方法有一定的设计步骤和规律，初学者很容易学会，有经验的工程师采用这种方法也可以提高设计效率。采用顺序控制设计法设计程序可使程序的阅读、调试、修改十分方便。

2. 顺序控制设计法的设计步骤

（1）步的划分 将系统的一个工作周期划分为若干个顺序相连的阶段，这些阶段称为步，并且用编程元件来代表各步。步是根据 PLC 输出状态的变化来划分的，在任何一步内，各输出状态不变，但是相邻步与步之间输出状态是不同的。

（2）步的转换条件 使系统由当前步转入下一步的信号称为转换条件。转换条件可能是外部输入信号，如按钮、指令开关、限位开关的接通与断开等，也可能是PLC 内部产生的信号，如定时器、计数器触点的接通与断开等，转换条件也可能是若干个信号的与、或、非逻辑组合。

3.1.2 顺序功能图

顺序功能图（Sequential Function Chart，SFC）是描述控制系统的控制过程、功能和特性的一种图形，也是设计 PLC 顺序控制程序的有力工具。它涉及所描述控制功能的具体技术，是一种通用的技术语言。在 IEC 的 PLC 编程语言标准（IEC 611311-3）中，顺序功能图被确定为 PLC 首要的编程语言。现在还有相当多的 PLC（包括 S7-1200 PLC）没有配备顺序功能图语言，但是可以用顺序功能图来描述系统的功能，并根据它来设计梯形图程序。

顺序功能图主要由步、有向连线、转换与转换条件和动作（或命令）组成，它们又称为顺序功能图四要素。

1. 步

步表示系统的某一工作状态，用矩形框表示，矩形框中可以用数字表示该步的编号，也可以用代表该步的编程元件的地址作为步的编号，这样在根据顺序功能图设计梯形图时较为方便。步分为初始步和活动步。初始步表示系统的初始工作状态，用双线矩形框表示，初始状态一般是系统等待起动命令的相对静止的状态。每一个顺序功能图至少应该有一个初始步。活动步是指系统正在执行的当前步。步处于活动状态时，相应的动作被执行；处于不活动状态时，相应的非存储型动作被停止执行。

2. 有向连线

有向连线是把每一步按照它们成为活动步的先后顺序连接起来。

3. 转换与转换条件

转换表示从一个状态到另一个状态的变化，即从一步到另一步的转移，步的活动状态进展就是由转换来完成的。转换用有向连线上与有向连线垂直的短画线来表示，用于将相邻两步分隔开。转换实现的条件是该转换所有的前级步都是活动步，且相应的转换条件得到满足。转换实现的结果是使该转换的后续步变为活动步，前级步变为不活动步。

转换条件是系统从一个状态向另一个状态转移的必要条件。转换条件是与转换相关的逻辑命令，转换条件可以用文字语言、布尔代数表达式或图形符号标注在表示转换的短画线旁边，使用最多的是布尔代数表达式。

4. 动作（或命令）

与步对应的动作或命令在每一步内把状态为 ON 的输出位表示出来。可以将一个控制系统划分为被控系统和施控系统。对于被控系统，在某一步要完成某些"动作"（action）；对于施控系统，在某一步要向被控系统发出某些"命令"（command）。动作或命令也用矩形框中的文字或符号表示，该矩形框与对应的步相连表示在该步内的动作，并放置在步序框的右边。在每一步之内只标出状态为 ON 的输出位，一般采用输出类指令（如输出、置位、复位等）。步相当于这些指令的子母线，这些动作或命令平时不被执行，只有当对应的步被激活时才被执行。

绘制顺序功能图应注意以下几点：

1）步与步不能直接相连，要用转换隔开。

2）转换也不能直接相连，要用步隔开。

3）初始步通常没有任何动作，但是初始步是不可或缺的，因为如果没有该步，则无法表示系统的初始状态，系统也无法返回停止状态。

4）自动控制系统应能多次重复完成某一控制过程，要求系统可以循环执行某一程序，因此顺序功能图应是一个闭环。

3.1.3　顺序功能图的基本结构

依据步之间的进展形式，顺序功能图有以下几种基本结构。

1. 单序列结构

单序列由一系列相继激活的步组成，每一步的后面仅有一个转换条件，每一个转换条件后面仅有一步，如图 5-2 所示。

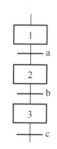

图 5-2　单序列结构图

2. 选择序列结构

1）选择序列的开始称为分支。某一步的后面有若干个输出，当满足不同的转换条件时，转向不同的步，如图 5-3a 所示。

2）选择序列的结束称为合并。几个选择序列合并到同一个序列上，各个序列上的步在各自转换条件满足时转换到同一个步，如图 5-3b 所示。

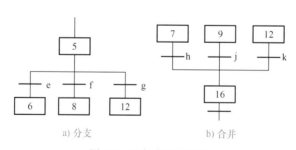

a) 分支　　　　　　　　　　b) 合并

图 5-3　选择序列结构图

3. 并行序列结构

并行序列的开始称为分支。当转换条件导致几个序列同时激活时，这些序列称为并行序列，它们被同时激活后，每个序列中活动步的进展将是独立的，如图 5-4a 所示。

并行序列的结束称为合并。在并行序列中，处于水平双线以上的各步都为活动步，且转换条件满足时，同时转换到同一个步，如图 5-4b 所示。

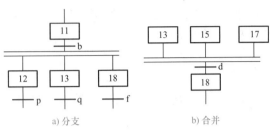

a) 分支　　　　　　　　　　　b) 合并

图 5-4　并行序列结构图

3.1.4　计数器指令

S7-1200 PLC 提供了三种计数器：加计数器、减计数器和加减计数器。它们属于软件计数器，其最大计数速率受它在 OB 的执行速率的限制。如果需要速度更高的计数器，可以使用内置的高速计数器。

使用计数器需要设置计数器的计数数据类型，计数值的数据范围取决于所选的数据类型。如果计数值是无符号整型数，则可以减计数到零或加计数到范围限值。如果计数值是有符号整数，则可以减计数到负整数限值或加计数到正整数限值。支持的数据类型包括短整数 SInt、整数 Int、双整数 DInt、无符号短整数 USInt、无符号整数 UInt、无符号双整数 UDInt。

1. 加计数器

1）加计数器 CTU，当参数 CU 的值从 0 变为 1 时，CTU 使计数值加 1。

2）如果参数 CV（当前计数值）的值大于或等于参数 PV（预设计数值）的值，则计数器输出参数 Q=1。

3）如果复位参数 R 的值从 0 变为 1，则当前计数值复位为 0。加计数器指令的基本应用及时序图如图 5-5 所示。

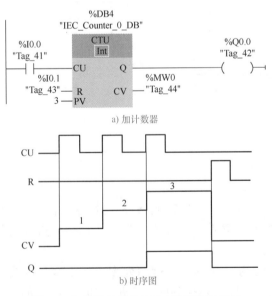

a) 加计数器

b) 时序图

图 5-5　加计数器指令的基本应用及时序图

2.减计数器

1）减计数器 CTD，当参数 CD 的值从 0 变为 1 时，CTD 使计数值减 1。

2）如果参数 CV（当前计数值）的值小于或等于 0，则计数器输出参数 Q=1。

3）如果参数 LD 的值从 0 变为 1，则参数 PV（预设值）的值将作为新的 CV（当前计数值）装载到计数器。减计数器指令的基本应用及时序图如图 5-6 所示。

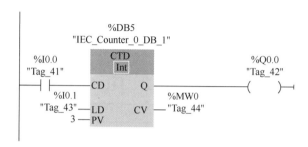

a) 减计数器

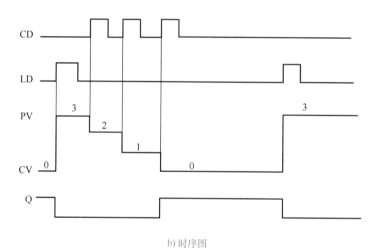

b) 时序图

图 5-6　减计数器指令的基本应用及时序图

3.加减计数器

1）加减计数器 CTUD，加计数（Count Up，CU）或减计数（Count Down，CD）输入的值从 0 跳变为 1 时，CTUD 会使计数值加 1 或减 1。

2）如果参数 CV（当前计数值）的值大于或等于参数 PV（预设值）的值，则计数器输出参数 QU=1。

3）如果参数 CV 的值小于或等于零，则计数器输出参数 QD= 1。

4）如果参数 LD 的值从 0 变为 1，则参数 PV（预设值）的值将作为新的 CV（当前计数值）装载到计数器。

5）如果复位参数 R 的值从 0 变为 1，则当前计数值复位为 0。加减计数器指令的基本应用及时序图如图 5-7 所示。

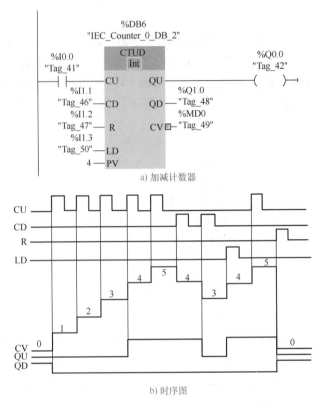

a) 加减计数器

b) 时序图

图 5-7 加减计数器指令的基本应用及时序图

3.2 关键技术

3.2.1 PLC 变量的定义

根据设计要求和输入 / 输出地址分配，为了增加程序的可读性，PLC 变量的定义如图 5-8 所示。

默认变量表

	名称	数据类型	地址	保持	可从…	从 H…	在 H…
1	System_Byte	Byte	%MB10	☐	☑	☑	☑
2	FirstScan	Bool	%M10.0	☐	☑	☑	☑
3	DiagStatusUpdate	Bool	%M10.1	☐	☑	☑	☑
4	AlwaysTRUE	Bool	%M10.2	☐	☑	☑	☑
5	AlwaysFALSE	Bool	%M10.3	☐	☑	☑	☑
6	起始状态位	Bool	%M0.0	☐	☑	☑	☑
7	注入液体A标志位	Bool	%M0.1	☐	☑	☑	☑
8	起动按钮	Bool	%I0.0	☐	☑	☑	☑
9	液位S3	Bool	%I0.1	☐	☑	☑	☑
10	注入液体B标志位	Bool	%M0.2	☐	☑	☑	☑
11	液位S1	Bool	%I0.2	☐	☑	☑	☑
12	电动机搅拌标志位	Bool	%M0.3	☐	☑	☑	☑
13	放出混合液体标志位	Bool	%M0.4	☐	☑	☑	☑
14	继续放出混合液体标志位	Bool	%M0.5	☐	☑	☑	☑
15	Tag_10	Bool	%M3.0	☐	☑	☑	☑
16	循环3次标志位	Bool	%M3.1	☐	☑	☑	☑
17	停止按钮	Bool	%I0.3	☐	☑	☑	☑
18	停止标志位	Bool	%M0.6	☐	☑	☑	☑
19	阀门Y1	Bool	%Q0.0	☐	☑	☑	☑
20	阀门Y2	Bool	%Q0.1	☐	☑	☑	☑
21	搅拌电动机	Bool	%Q0.2	☐	☑	☑	☑
22	阀门Y4	Bool	%Q0.3	☐	☑	☑	☑

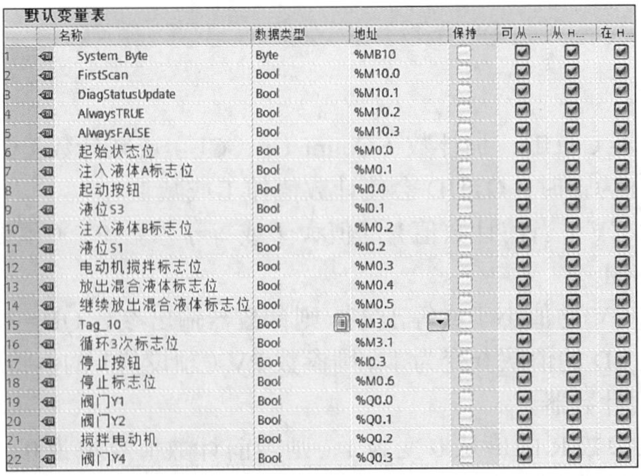

图 5-8 PLC 变量的定义

3.2.2 状态图和顺序功能图的设计

通过分析，本系统的工作过程可以分为 6 个状态，首先是起始状态，接着分别为注入液体 A、注入液体 B、电动机搅拌、放出混合液体、继续放出混合液体 5 个状态。按照 6 个状态之间的逻辑转移关系绘制其状态图，如图 5-9a 所示。将各状态划分为对应的步，每一步分别用 M0.0 ~ M0.5 六个位存储器来表示，绘制多种液体混合搅拌控制顺序功能图如图 5-9b 所示。

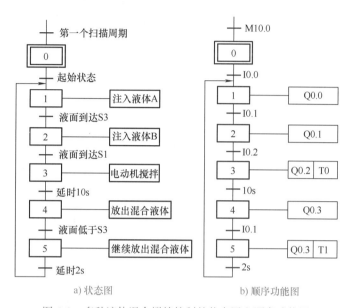

图 5-9 多种液体混合搅拌控制的状态图和顺序功能图

从功能图可以看出，这是典型的单序列顺序功能图，对于单序列顺序功能图，任何时刻只有一个步为活动步，也就是说，M0.0 ~ M0.5 在任何时刻都只有一位为 1，其他都为 0。

3.2.3 基于顺序功能图的梯形图设计

多种液体混合搅拌控制的梯形图如图 5-10 所示。在硬件组态时，已设置系统存储器 MB10，因此 M10.0 首次扫描时，该位为 1，整个梯形图采用以转换为中心的程序设计方法，结构清晰。

程序段 1：初始化起始步，并对其他步的标志位和内部标志位清零。有两种情况须初始化起始步：首次扫描和混合液体排放结束时。

程序段 2：当满足液位在起始位置（M0.0=1），并按下起动按钮（I0.0=1）时，由初始步 M0.0 转换为 M0.1 步，进入注入液体 A 步，此时 M0.0 为不活动步，M0.1 为活动步。

程序段 3：当前活动步为 M0.1，当液体 A 液位到达 S3，I0.1 为 1 时，由 M0.1 步转换为 M0.2 步，此时 M0.2 为活动步，进入注入液体 B 步。

程序段 4：当前活动步为 M0.2，液体 B 液位到达 S1，I0.2 为 1 时，状态由 M0.2 转换为 M0.3 步，M0.3 为活动步，进入电动机搅拌步。

程序段 5：当前活动步为 M0.3，定时器 T0 计时 10s 到，状态由 M0.3 转换为 M0.4 步，M0.4 为活动步，进入放出混合液体步。

程序段 6：当前活动步为 M0.4，混合液体低于 S3，I0.1 为 0，状态由 M0.4 转换为 M0.5 步，M0.5 为活动步，进入继续放出混合液体步。

程序段 7：当前活动步为 M0.5，延时 2s，状态由 M0.5 转换为 M0.1 步，状态回到 M0.1 步，完成一次循环。

程序段 8：用计数器指令累计循环次数，设计要求循环 3 次，所以 M0.1 触发次数须达到 3 次，M3.1 得电；当循环次数到或按下停止按钮时，都必须对计数器复位。

程序段 9、10：按下停止按钮的处理，建立停止运行标志位 M0.6，并回到起始步。

程序段 11 ～ 14：输出处理。

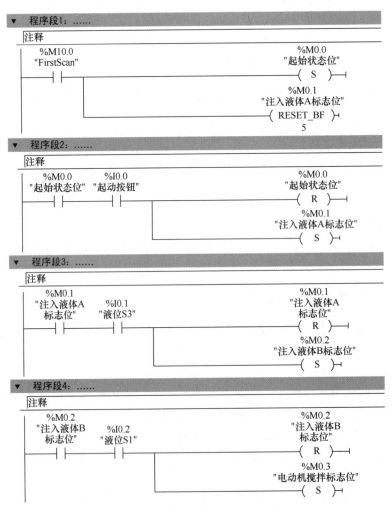

图 5-10　多种液体混合搅拌控制的梯形图

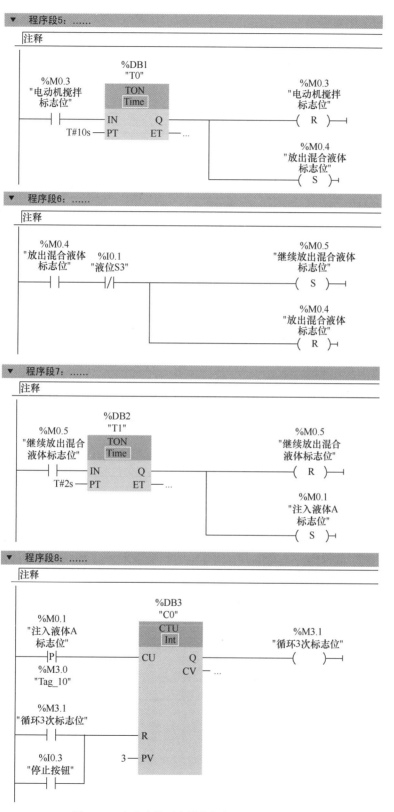

图 5-10　多种液体混合搅拌控制的梯形图（续）

▼ 程序段9：……

注释

```
    %I0.3                                              %M0.6
   "停止按钮"                                         "停止标志位"
    ┤├                                                 ( S )
```

▼ 程序段10：……

注释

```
                   %M0.1
    %M0.6         "注入液体A                           %M0.0
   "停止标志位"      标志位"                           "起始状态位"
    ┤├            ┤├──────┬────────────────────────   ( S )
                          │
                          │                            %M0.1
                          │                          "注入液体A
                          │                            标志位"
                          └────────────────────────  ( RESET_BF )
                                                            6
```

▼ 程序段11：……

注释

```
    %M0.1
  "注入液体A                                          %Q0.0
    标志位"                                          "阀门Y1"
    ┤├                                                ( )
```

▼ 程序段12：……

注释

```
    %M0.2
  "注入液体B                                          %Q0.1
    标志位"                                          "阀门Y2"
    ┤├                                                ( )
```

▼ 程序段13：……

注释

```
    %M0.3
  "电动机搅拌                                          %Q0.2
    标志位"                                          "搅拌电动机"
    ┤├                                                ( )
```

▼ 程序段14：……

注释

```
    %M0.4
  "放出混合液体                                        %Q0.3
    标志位"                                          "阀门Y4"
    ┤├                                                ( )

    %M0.5
  "继续放出混合
   液体标志位"
    ┤├
```

图5-10 多种液体混合搅拌控制的梯形图（续）

四、工作任务

任务名称	任务 5-1：绘制多种液体混合搅拌控制状态图和顺序功能图	
小组成员	组长：　　　　　　　　　成员：	
任务环境	**主要设备 / 材料**	**主要工具**
	1）SCE-PLC01 实训装置 2）实训装置电源模块 3）实训装置 PLC 模块 4）实训装置 2# 连接导线	1）铅笔（2B） 2）直尺（300mm） 3）绘图橡皮
参考资料	教材、任务单、PLC 1200 技术手册	
任务要求	1）根据绘制状态图的步骤绘制多种液体混合搅拌控制状态图 2）根据绘制出的状态图绘制多种液体混合搅拌控制顺序功能图 3）检查绘制出的状态图和顺序功能图是否达标并进行改进 4）记录工作过程，进行学习总结和学习反思 5）注重团队合作，组内协助工作 6）保持工作环境整洁，形成良好的工作习惯	
工作过程	1）小组讨论，确定人员分工，小组协作完成工作任务 2）查阅资料，小组讨论，确定工作方案 3）按照工作方案绘制状态图 4）根据状态图绘制顺序功能图 5）按照检查表，检查绘制结果是否达标 6）对绘制不正确或不规范的地方进行改进 7）小组讨论，总结学习成果，反思学习不足 8）工作结束，整理保存相关资料	
注意事项	1）文明作业，爱护工具 2）规范作图，重视绘图规范 3）合作学习，注重团队协作 4）及时整理，保存相关资料 5）总结反思，持续改进提升	

任务名称	任务 5-2：多种液体混合搅拌控制系统的安装与调试	
小组成员	组长： 成员：	

任务环境	主要设备 / 材料	主要工具
	1）SCE-PLC01 实训装置 2）实训装置电源模块 3）实训装置 PLC 模块 4）实训装置多种液体混合搅拌控制模块 5）实训装置 2# 导线	1）铅笔（2B） 2）直尺（300mm） 3）绘图橡皮 4）数字万用表

参考资料	教材、PLC 1200 技术手册、SCE-PLC01 PLC 控制技术实训装置使用手册

任务要求	1）绘制接线图，制订接线工作方案 2）使用万用表测量电源电压 3）按照接线图进行模块接线 4）检查接线结果是否达标并进行改进 5）送电观察 PLC 的工作情况 6）规范操作，确保工作安全和设备安全 7）记录工作过程，进行学习总结和学习反思 8）注重团队合作，组内协助工作 9）保持工作环境整洁，形成良好的工作习惯

工作过程	1）小组讨论，确定人员分工，小组协作完成工作任务 2）查阅资料，小组讨论，确定工作方案，绘制模块接线图 3）观察装置，确保各部件安装到位，电源接入安全，导线无裸露 4）合闸送电，使用万用表测量 AC 380V、AC 220V、DC 24V 电源，确保输出正常 5）断开电源模块各送电开关，准备 2# 连接线 6）按规范使用不同颜色导线将 PLC 电源、L、M 等输入 / 输出接入电源模块 7）逐一核对接线是否正确，并整理线路，确保线路足够整齐 8）合闸送电，观察 PLC 运行指示灯是否正常，如有故障，尽快停电检修线路 9）按照检查表，检查调试结果是否达标 10）对安装不正确或不规范的地方进行改进 11）小组讨论，总结学习成果，反思学习不足 12）工作结束，整理保存相关资料 13）清理工位，复原设备模块，清扫工作场地

注意事项	1）规范操作，确保人身安全和设备安全 2）仔细核对，杜绝因电源接入错误造成不可逆转的严重后果 3）合作学习，注重团队协作，分工配合共同完成工作任务 4）分色接线，便于查故检修，降低误接事故概率 5）及时整理，保持环境整洁，保证实训设备持续稳定使用

"可编程控制技术"课程学习结果检测表

任务名称	任务 5-1：绘制多种液体混合搅拌控制状态图和顺序功能图	
	检测内容	是否达标
材料准备	划线工具：钢直尺（300～550mm）	
	划线工具：记号笔（0.9～1.0）或 2B 铅笔削尖	
	绘图纸张：A4 纸一页	
	绘图工具可正常使用	
绘图过程	绘图前进行小组讨论，制订详细的工作方案	
	分析任务控制要求，根据输出状态划分步，写出转换条件	
	根据步的划分和转换条件绘制状态图	
	将状态图中的步用 M0.0～M0.5 代替	
	根据状态图绘制顺序功能图	
	绘制完成后，仔细核对控制要求，确保顺序功能图符合控制要求	
	绘制过程规范，桌面整洁	
绘图结果	顺序功能图正确、规范、美观	
	步划分正确，共 6 步	
	步与步之间的转换条件正确	
	步与步之间的顺序正确	
	线路布设整齐，容易识别	

"可编程控制技术"课程学习结果检测表

任务名称	任务 5-2：多种液体混合搅拌控制系统的安装与调试	
检测内容		是否达标
材料准备	实训装置整机完好，供电正常	
	实训装置 PLC 模块、电源模块、多种液体混合搅拌模块外观完好无损伤	
	实训装置 2# 连接线红、黑、蓝、绿各 15 根，外观完好，无机械损伤	
	数字万用表外观完好，检测功能正常，表笔绝缘层无损伤	
模块接线过程	接线前进行小组讨论，制订详细的工作方案	
	接线前绘制接线原理图，并经教师检验正确	
	接线前对实训装置进行目视检查，各部件安装到位，无安全隐患	
	接线前使用万用表对电源模块进行测量检查，电源输出电压正常	
	接线过程中全程断开电源交流、直流供电开关，确保无电状态接线	
	接线结束后仔细核对接线情况，确保实际接线与接线原理图一致	
	送电前经教师检查线路正确后进行送电	
	送电后 PLC 运行指示灯为绿色点亮状态	
	操作过程规范，器件摆放整齐，工位整洁	
模块接线和功能结果	PLC 模块的"＋"端和"－"端分别接入电源模块的"24V"端和"0V"端	
	PLC 模块的"1L"端和"3L"端均接入电源模块的"24V"端	
	PLC 模块的"1M"端和"3M"端均接入电源模块的"0V"端	
	输入信号分别接 I0.0 ～ I0.3，输出信号分别接 Q0.0 ～ Q0.3	
	按下起动按钮 I0.0，Q0.0 指示灯亮，S3 检测到位，Q0.0 指示灯灭，Q0.1 指示灯亮	
	S1 检测到位，Q0.1 指示灯灭，Q0.2 指示灯亮	
	10s 后，Q0.2 指示灯灭，Q0.3 指示灯亮	
	液位低于 S3，延时 2s，Q0.3 指示灯灭	
	整个流程循环 3 次	
	线路布设整齐，交叉少	

"可编程控制技术"课程学习学生工作记录页

任务名称	任务 5-1：绘制多种液体混合搅拌控制状态图和顺序功能图		
组别	工位		姓名
第　　组			

		1.资讯（知识点积累、资料准备）			
工作过程		2.计划（制订计划）			
		3.决策（分析并确定工作方案）			
		4.实施			
		5.检测			
	结果观察				
	缺陷与改进	序号	故障现象	原因分析	是否解决
		1			
		2			
		6.评价			
	小组自评	完成情况　□优秀　　　□良好　□合格　□不合格			
		效果评价　□非常满意　□满意　□一般　□需改进			
	教师评价	评语			
		综评等级　□优秀　　□良好　□合格　□不合格			
总结反思					

"可编程控制技术"课程学习学生工作记录页			
任务名称	任务5-2：多种液体混合搅拌控制系统的安装与调试		
组别	工位		姓名
第　　组			

<table>
<tr><td rowspan="14">工作过程</td><td colspan="3">1.资讯（知识点积累、资料准备）</td></tr>
<tr><td colspan="3"></td></tr>
<tr><td colspan="3">2.计划（制订计划）</td></tr>
<tr><td colspan="3"></td></tr>
<tr><td colspan="3">3.决策（分析并确定工作方案）</td></tr>
<tr><td colspan="3"></td></tr>
<tr><td colspan="3">4.实施</td></tr>
<tr><td colspan="3"></td></tr>
<tr><td colspan="3">5.检测</td></tr>
</table>

结果观察	

缺陷与改进	序号	故障现象	原因分析	是否解决
	1			
	2			

6.评价		
小组自评	完成情况	□优秀　　□良好　□合格　□不合格
	效果评价	□非常满意　□满意　□一般　□需改进
教师评价	评语	
	综评等级	□优秀　　□良好　□合格　□不合格

总结反思	

项目小结

本项目主要介绍了顺序控制的基本概念、基本结构和设计方法，介绍了 S7-1200 PLC 计数器指令的格式、功能和应用；基于多种液体混合搅拌控制系统，使学生学习了绘制状态图和顺序功能图的方法，对顺序功能图有了初步的认识。

本项目以多种液体混合搅拌控制为工作载体，介绍了顺序控制的相关概念和计数器指令的使用方法，使学生掌握了顺序功能图的绘制方法及参照顺序功能图编写顺序控制程序的方法。

习题检测

1. 选择题

1-1 【单选题】顺序控制系统的顺序功能图中，用双实线矩形框表示的是（　　　）。

A. 初始步　　　　　B. 步　　　　　C. 活动步　　　　　D. 动作

1-2 【多选题】顺序控制系统的序列包含（　　　）。

A. 单序列　　　　B. 选择序列　　　　C. 并行序列　　　　D. 分支序列

1-3 【单选题】在使用梯形图编写顺序功能图程序时，用上一步和（　　　）作为下一步的起动条件。

A. 动作　　　　　B. 当前步　　　　C. 转换条件　　　　D. 下一步

1-4 【单选题】加减数计数器 CTUD 的 D 端为（　　　）。

A. 复位端　　　　B. 预设值端　　　　C. 加数端　　　　D. 减数端

1-5 【单选题】计数器的计数端对输入的（　　　）进行计数。

A. 上升沿　　　　B. 下降沿　　　　C. 通断　　　　D. 接通

1-6 【单选题】计数器对象中 CV 的数据类型为（　　　）。

A. WORD　　　　B. DWORD　　　　C. INT　　　　D. FLOAT

1-7 【单选题】顺序功能图由（　　　）四部分组成，又称为顺序功能图四要素。

A. 活动步、步、有向连线、动作

B. 步、有向连线、转换条件、动作

C. 步、活动步、转换条件、动作

D. 活动步、动作、转换条件、命令

2. 程序题

2-1 一灯按起动按钮（I0.0）后以灭 2s、亮 3s 的工作周期得电 10 次后自动停止，按下停止按钮（I0.1）后立即停止，用 PLC 编程实现。

2-2 设计机床工作台往返运行线路，其动作顺序如下：

1）工作台由一台电动机拖动，从原位开始前进，到达终点后自动停止。

2）在终点停留 10s 后自动返回原位，到达原位后自动停止。有总停止按钮。

要求：绘制出状态图和顺序功能图，写出梯形图程序并调试。

项目 6

交通信号灯控制系统的组装与调试

一、学习目标

1. 分析交通信号灯控制系统的功能，规划硬件需求。
2. 运用比较指令、数学运算指令编写程序。
3. 绘制出交通信号灯控制系统的时序图。
4. 编写交通信号灯控制系统梯形图程序并调试，验证运行结果并展示现象。
5. 遵守操作规范，记录工作过程，注重团结合作，保持工作环境整洁，形成良好的工作习惯。

二、项目描述

交通信号灯是日常生活中最常见的电气控制系统。某工程项目需要在十字路口装设一套交通信号灯控制系统，在东西和南北方向各装设一组红、绿、黄交通信号灯，按照交通规则要求，完成交通指挥功能。其具体要求如下：

1）系统上电后，按下起动按钮，系统开始工作，要求东西向先通行，然后南北向通行，依次循环。

2）两个方向依次通行循环总周期为 40s，南北向和东西向分配通行时间均为 20s。

3）两个方向信号灯的工作逻辑要符合交通信号灯运行规则，即南北向绿灯或黄灯亮时东西向红灯亮，南北向绿灯或黄灯亮时东西向红灯亮，当一个方向的绿灯切换到红灯时，要插入 2s 亮黄灯的过渡过程。

4）在南北向设置数码管倒计时装置，显示当前信号灯运行的剩余时间。

三、相关知识和关键技术

3.1 相关知识

3.1.1 基本数据类型

数据类型是用来描述数据长度（即二进制位数）和属性的概念。S7-1200 PLC 的基本数据类型和属性见表 6-1。

表 6-1　S7-1200 PLC 的基本数据类型和属性

数据类型	位数	取值范围	举例
位（Bool）	1	1/0	1、0 或 TRUE、FALSE
字节（Byte）	8	16#00 ～ 16#FF	16#08、16#27
字（Word）	16	16#0000 ～ 16#FFFF	16#1000、16#F0F2
双字（DWord）	32	16#00000000 ～ 16#FFFFFFFF	16#12345678
字符（Char）	8	16#00 ～ 16#FF	'A'、'@'
有符号短整数（SInt）	8	−128 ～ 127	−111、108
整数（Int）	16	−32768 ～ 32767	−1011、1088
双整数（DInt）	32	−2147483648 ～ 2147483647	−11100、10080
无符号短整数（USInt）	8	0 ～ 255	10、90
无符号整数（UInt）	16	0 ～ 65535	110、990
无符号双整数（UDInt）	32	0 ～ 4294967295	100、900
浮点数（Real）	32	± 1.175495e−38 ～ ± 3.402823e+38	12.345
双精度浮点数（LReal）	64	± 3.402823e−308 ～ ± 1.175405e+308	123.45
时间（Time）	32	T#−24d20h31m23s648ms ～ T#24d20h31m23s647ms	T#1D_2H_3M_4S_5MS

位（Bool）：数据长度为 1 位，数据格式为布尔文本，只有两个取值：True、False（真、假），对应二进制数中的 "1" 和 "0"，存储空间为 1 位。

字节（Byte）：数据长度为 8 位，16# 表示十六进制数，取值范围为 16#00 ～ 16#FF。

字（Word）：数据长度为 16 位，由两个字节组成，编号低的字节为高位字节，编号高的字节为低位字节，取值范围为 16#0000 ～ 16#FFFF。

双字（DWord）：数据长度为 32 位，由两个字组成，即 4 个字节组成，编号低的字为高位字节，编号高的字为低位字节，取值范围为 16#00000000 ～ 16#FFFFFFFF。

整数（Int）：数据类型长度为 8 位、16 位、32 位，又分有符号整数和无符号整数。有符号十进制数最高位为符号位，最高位是 0 表示正数，最高位是 1 表示负数。整数用补码表示，正数的补码就是它的本身，将一个正数对应的二进制数的各位数求反码后加 1，可以得到绝对值与它相同的负数的补码。

浮点数（Real）：分为 32 位和 64 位浮点数。浮点数的优点是用很少的存储空间可以表示非常大和非常小的数。PLC 输入和输出的数据大多数为整数，用浮点数来处理这些数据需要进行整数和浮点数之间的相互转换。需要注意的是，浮点数的运算速度比整数慢。

时间（Time）：数据类型长度为 32 位，其格式为 T# 多少天（day）多少小时（hour）多少分钟（minute）多少秒（second）多少毫秒（millisecond）。Time 数据类型以表示毫秒时间的有符号双整数形式存储。

3.1.2 数据传送指令

在西门子 S7 系列 PLC 的梯形图中，用方框表示某些指令，输入信号均在方框的左边，输出信号均在方框的右边。当左侧逻辑运算结果"1"使得方框指令的使能输入 EN 有效时，方框指令才能执行。

1. MOVE 指令

MOVE 指令用于将数据元素复制到新的存储器地址，并将其从一种数据类型转换为另一种数据类型，移动过程不会更改源数据，其符号如图 6-1 所示。

MOVE 指令将单个数据元素从 IN 参数指定的源地址复制到 OUT 参数指定的目标地址；MOVE 指令的数据类型有 SInt、Int、DInt、USInt、UInt、UDInt、Real、LReal、Byte、Word、DWord、Char、Array、Struct、DTL、Time。

2. SWAP 指令

SWAP 指令用于交换 2 字节和 4 字节数据元素的字节顺序，但不改变每字节中位的顺序，执行 SWAP 指令之后，ENO 始终为 TRUE。SWAP 指令的符号如图 6-2 所示。

SWAP 指令交换的数据类型若为 Word，则交换高低字节；若为 DWord，则交换4 字节数据元素的字节顺序，即最高位字节和最低位字节的数据交换，次高位字节和次低位字节的数据交换，交换的值保存到 OUT 指定的地址。如某双字存储单元原数据为 16#1A2B3C4D，执行该指令后，则结果为 16#4D3C2B1A。

图 6-1　MOVE 指令的符号　　　　　　图 6-2　SWAP 指令的符号

3.1.3 比较操作——关系比较指令

比较指令用来比较数据类型相同的两个数 IN1 和 IN2 的大小，相比较的两个数 IN1 和 IN2 分别在触点的上面和下面，它们的数据类型必须相同。操作数可以是 I、Q、M、L、D 存储区中的变量或常数。比较两个字符串时，实际上比较的是它们各自对应字符的 ASCII 码的大小，第一个不相同的字符决定了比较的结果。

比较指令可视为一个等效的触点，比较符号可以是"==（等于）""<>（不等于）"">（大于）"">=（大于或等于）""<（小于）"和"<=（小于或等于）"。比较的数据类型有多种，比较指令的运算符及数据类型在指令的下拉式列表中可见。当满足比较关系式给出的条件时，等效触点接通。

生成比较指令后，用鼠标双击触点中间比较符号下面的问号，在下拉列表中设置要比较的数的数据类型。如果想修改比较指令的比较符号，用鼠标双击比较符号，在下拉式列表中修改比较符号。

3.1.4　数学运算指令

数学运算指令包括整数运算和浮点数运算指令，有加、减、乘、除、求余、取反、加 1、减 1、绝对值、最大值、最小值、限值、二次方、二次方根、自然对数、指数、正弦、余弦、正切、反正弦、反余弦、反正切、求小数、取幂、表述式值等指令，见表 6-2。

表 6-2　数学运算指令

指令名称	梯形图	描述	指令名称	梯形图	描述
加法指令	ADD Auto(???) — EN ── ENO — — IN1　　OUT — — IN2 ⊀	IN1+IN2=OUT	加 1 指令	INC ??? — EN ── ENO — — IN/OUT	将参数 IN/OUT 的值加 1
减法指令	SUB Auto(???) — EN ── ENO — — IN1　　OUT — — IN2	IN1−IN2=OUT	减 1 指令	DEC ??? — EN ── ENO — — IN/OUT	将参数 IN/OUT 的值减 1
乘法指令	MUL Auto(???) — EN ── ENO — — IN1　　OUT — — IN2 ⊀	IN1×IN2=OUT	取绝对值指令	ABS ??? — EN ── ENO — — IN　　OUT	求有符号数的绝对值
除法指令	DIV Auto(???) — EN ── ENO — — IN1　　OUT — — IN2	IN1/IN2=OUT	求限值指令	LIMIT ??? — EN ── ENO — — MN — IN — MX	将输入 IN 的值限制在指定范围内
求余指令	MOD Auto(???) — EN ── ENO — — IN1　　OUT — — IN2	求整数除法的余数	求最小值指令	MIN ??? — EN ── ENO — — IN1　　OUT — — IN2 ⊀	求两个及以上输入中最小的数
取反指令	NEG ??? — EN ── ENO — — IN　　OUT —	将输入值的符号取反	求最大值指令	MAX ??? — EN ── ENO — — IN1　　OUT — — IN2 ⊀	求两个及以上输入中最大的数

（续）

指令名称	梯形图	描述	指令名称	梯形图	描述
求二次方指令	SQR ??? — EN — ENO — — IN — OUT —	求输入 IN 的二次方	反正弦运算指令	ASIN ??? — EN — ENO — — IN — OUT —	求输入 IN 的反正弦值
求二次方根指令	SQRT ??? — EN — ENO — — IN — OUT —	求输入 IN 的二次方根	反余弦运算指令	ACOS ??? — EN — ENO — — IN — OUT —	求输入 IN 的反余弦值
求自然对数指令	LN ??? — EN — ENO — — IN — OUT —	求输入 IN 的自然对数	反正切运算指令	ATAN ??? — EN — ENO — — IN — OUT —	求输入 IN 的反正切值
指数运算指令	EXP ??? — EN — ENO — — IN — OUT —	求输入 IN 的指数值	求小数指令	FRAC ??? — EN — ENO — — IN — OUT —	求输入 IN 的小数值（小数点后面的值）
正弦运算指令	SIN ??? — EN — ENO — — IN — OUT —	求输入 IN 的正弦值	取幂运算指令	EXPT ??? ** ??? — EN — ENO — — IN1 — OUT — — IN2	求输入 IN1 为底、IN2 为幂的值
余弦运算指令	COS ??? — EN — ENO — — IN — OUT —	求输入 IN 的余弦值	求表达式值指令	CALCULATE ??? — EN —————— ENO — OUT := <???> — IN1 OUT — — IN2	求自定义的表达式的值（根据所选数据类型计算数学运算或复杂逻辑运算）
正切运算指令	TAN ??? — EN — ENO — — IN — OUT —	求输入 IN 的正切值			

1. 四则运算指令

数学运算指令中的 ADD、SUB、MUL、DIV 分别是加、减、乘、除指令。操作数的数据类型可选 SInt、Int、DInt、USInt、UInt、UDInt、Real 和 LReal，输入参数 IN1、IN2 可以是常数，IN1、IN2 和 OUT 数据类型应该相同。

2. 其他整数数学运算指令

（1）MOD 指令 除法指令只能得到商，余数被丢掉。可以使用 MOD 指令来求除法的余数。输出 OUT 中的运算结果为除法运算 IN1/IN2 的余数。

（2）NEG 指令　NEG（Negation）将输入 IN 的值的符号取反后保存在输出 OUT 中，IN 和 OUT 的数据类型可以是 SInt、Int、DInt、Real 和 LReal，输入 IN 还可以是常数。

（3）INC 和 DEC 指令　INC（Increase）将变量 IN/OUT 的值加 1 后保存在自己的变量中，DEC（Decrease）将变 IN/OUT 的值减 1 后保存在自己的变量中。

（4）ABS 指令　ABS 指令用来求输入 IN 中有符号整数或实数的绝对值，将结果保存在输出 OUT 中，IN 和 OUT 的数据类型应相同。

（5）MIN 和 MAX 指令　MIN（Minimum）指令用于比较输入 IN1 和 IN2（甚至更多的输入变量）的值，将其中最小的值送给输出 OUT。MAX（Maximum）指令用于比较输入 IN1 和 IN2（甚至更多的输入变量）的值，将其中最大的值送给输出 OUT。IN1 和 IN2 的数据类型相同才能执行指定的操作。

（6）LIMIT 指令　检查输入 IN 的值是否在参数 MIN 和 MAX 指定的范围内，如果 IN 的值没有超出范围，将它直接保存在 OUT 指定的地址中。如果 IN 的值小于 MIN 的值或大于 MAX 的值，将 MIN 或 MAX 的值送给输出 OUT。

3.2　关键技术

3.2.1　时序图

根据本项目交通信号灯的工作要求，画出各信号灯的时序图，如图 6-3 所示。

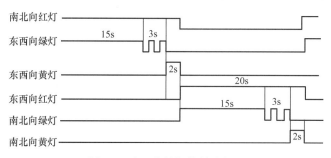

图 6-3　交通信号灯控制时序图

从时序图可以看出，交通灯点亮的一个周期为 40s，在第一个周期，东西向绿灯点亮的时间段是 0 ～ 15s，东西向绿灯闪烁的时间段为 15 ～ 18s，东西向黄灯点亮的时间段为 18 ～ 20s，东西向红灯点亮的时间段为 20 ～ 40s。南北向红灯点亮的时间段为 0 ～ 20s，南北向黄灯点亮的时间段为 20 ～ 35s，南北向绿灯闪烁的时间段为 35 ～ 38s，南北向黄灯点亮的时间段为 38 ～ 40s。

3.2.2　PLC 变量的定义

根据设计要求和输入 / 输出地址分配，为了增加程序的可读性，PLC 变量的定义如图 6-4 所示。

		名称	数据类型	地址	保持	可从 ...	从 H...	在 H...
1	◀□	起动按钮	Bool	%I0.0	☐	☑	☑	☑
2	◀□	停止按钮	Bool	%I0.1	☐	☑	☑	☑
3	◀□	东西向红灯	Bool	%Q0.0	☐	☑	☑	☑
4	◀□	东西向绿灯	Bool	%Q0.1	☐	☑	☑	☑
5	◀□	东西向黄灯	Bool	%Q0.2	☐	☑	☑	☑
6	◀□	南北向红灯	Bool	%Q0.3	☐	☑	☑	☑
7	◀□	南北向绿灯	Bool	%Q0.4	☐	☑	☑	☑
8	◀□	南北向黄灯	Bool	%Q0.5	☐	☑	☑	☑

图 6-4 PLC 变量的定义

3.2.3 交通灯的梯形图程序

根据控制要求，交通信号灯控制程序如图 6-5 所示。

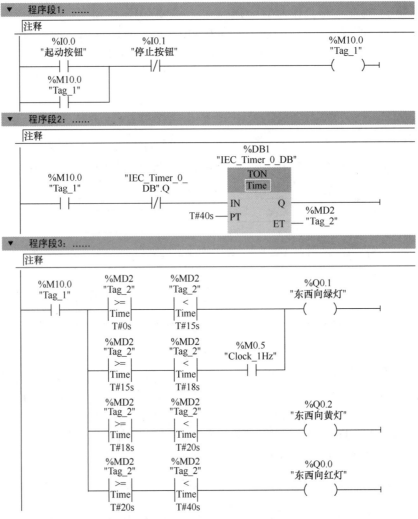

图 6-5 交通信号灯控制程序

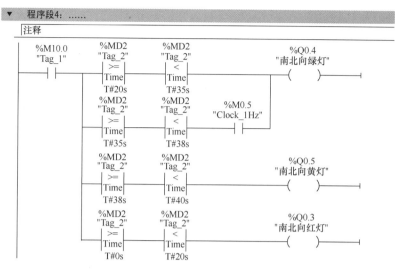

图 6-5　交通信号灯控制程序（续）

3.2.4　多位数码管的显示

如果需要将 N 位数通过数码管显示，若每个数码管都占用 PLC 的 7 个或 8 个（8 段数码管）输出端，那得扩展 PLC 的数字量模块，系统成本较高。一般情况我们都是先将要显示的数据除以 10^{N-1} 分离出次高位（商），如此往下分离，到除以 10 后为止。每一位数据通过 CD4513 等硬件译码芯片进行译码后驱动数码管显示。CD4513 的数据输入端 A ~ D 由 PLC 的 4 个输出端提供 BCD 码数据，这样就显著地降低 PLC 输出点的占用数量。据此我们编写交通信号灯倒计时显示程序如图 6-6 所示。

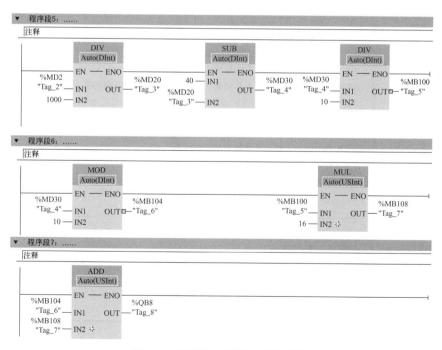

图 6-6　交通信号灯倒计时显示程序

107

四、工作任务

任务名称	任务 6-1：交通信号灯系统信号灯的安装与调试	
小组成员	组长：　　　　　　　　　　　　成员：	
任务环境	主要设备/材料	主要工具
	1）SCE-PLC01 实训装置 2）实训装置电源模块 3）实训装置 PLC 模块 4）实训装置交通信号灯控制模块 5）实训装置 2# 导线	1）铅笔（2B） 2）直尺（300mm） 3）绘图橡皮 4）数字万用表
参考资料	教材、任务单、PLC 1200 技术手册、SCE-PLC01 PLC 控制技术实训装置手册	
任务要求	1）制订工作方案，包括人员分工、接线、调试规划、安全预案等 2）使用万用表检测设备电源供电电压是否正常 3）绘制能实现交通信号灯控制系统功能的电气原理图，并按图接线 4）编写 PLC 梯形图程序，实现交通信号灯的控制功能 5）进行软硬件联机调试，实现要求的功能 6）规范操作，确保工作安全和设备安全 7）记录工作过程，进行学习总结和学习反思 8）注重团队合作，组内协助工作 9）保持工作环境整洁，形成良好的工作习惯	
工作过程	1）小组讨论，确定人员分工，小组协作完成工作任务 2）查阅资料，小组讨论，确定工作方案，参照教材相关内容绘制硬件接线图 3）合闸送电，使用万用表测量 AC 380V、AC 220V、DC 24V 电源，确保输出正常 4）断开电源，规范使用工具完成系统线路安装，确保线路安装正确安全 5）按照现场提供的 PLC 模块实际情况在 Portal 平台完成组态和时钟启用设置 6）参照教材相关内容完成系统程序的编写，下载并运行调试 7）合闸送电，下载程序，调试系统各项功能，如有缺陷应持续进行修改完善 8）按照检查表，检查作业成果是否达标 9）对作业不正确、不完善或不规范的地方进行改进 10）整理保存相关资料，清理工位，复原设备模块，清扫工作场地 11）小组讨论，总结学习成果，反思学习不足	
注意事项	1）文明作业，爱护工具 2）规范作图，重视绘图规范 3）合作学习，注重团队协作 4）及时整理，保存相关资料 5）总结反思，持续改进提升	

任务名称	任务 6-2：交通信号灯系统倒计时显示装置的安装与调试	
小组成员	组长：	成员：

任务环境	主要设备 / 材料	主要工具
	1）SCE-PLC01 实训装置 2）实训装置电源模块 3）实训装置 PLC 模块 4）实训装置交通信号灯控制模块 5）实训装置 2# 导线	1）铅笔（2B） 2）直尺（300mm） 3）绘图橡皮 4）数字万用表

参考资料	教材、PLC 1200 技术手册、SCE-PLC01 PLC 控制技术实训装置使用手册

任务要求	1）在任务 6-1 的基础上完成交通信号灯倒计时的显示功能 2）在任务 6-1 电路图的基础上设计交通信号灯倒计时显示功能的电路图，并完成线路安装 3）在任务 6-1 的基础上完善交通信号灯倒计时显示功能程序 4）进行软硬件联机调试，实现要求的功能 5）规范操作，确保工作安全和设备安全 6）记录工作过程，进行学习总结和学习反思 7）注重团队合作，组内协助工作 8）保持工作环境整洁，形成良好的工作习惯

工作过程	1）小组讨论，确定人员分工，小组协作完成工作任务 2）查阅资料，小组讨论，确定工作方案，参照教材相关内容绘制硬件接线图 3）合闸送电，使用万用表测量 AC 380V、AC 220V、DC 24V 电源，确保输出正常 4）断开电源，规范使用工具完成系统线路安装，确保线路安装规范安全 5）参照教材相关内容完成系统程序的编写，下载并运行调试 6）合闸送电，下载程序，调试系统各项功能，如有缺陷应持续进行修改完善 7）按照检查表，检查作业成果是否达标 8）对作业不正确、不完善或不规范的地方进行改进 9）整理保存相关资料，清理工位，复原设备模块，清扫工作场地 10）小组讨论，总结学习成果，反思学习不足

注意事项	1）规范操作，确保人身安全和设备安全 2）仔细核对，杜绝因电源接入错误造成不可逆转的严重后果 3）合作学习，注重团队协作，分工配合共同完成工作任务 4）分色接线，便于查故检修，降低误接事故概率 5）及时整理，保持环境整洁，保证实训设备持续稳定使用

"可编程控制技术"课程学习结果检测表

任务名称	任务 6-1：交通信号灯系统信号灯的安装与调试	
	检测内容	是否达标
材料准备	电工安装工具、绘图工具可正常使用	
	实训 PLC 整机、电源等设备完好，供电正常	
	连接线红、黑、蓝、绿各 20 根，外观完好，无机械损伤	
	按钮、指示灯等器材数量足够，检测功能完好	
	数字万用表外观完好，检测功能正常，表笔绝缘层无损伤	
操作过程	接线前进行小组讨论，制订详细的工作方案	
	接线前对设备和器材进行目视检查，用万用表检测电气功能	
	接线前绘制接线原理图，并经教师检验正确	
	断开电源开关接线，规范使用工具接线，线路安装正确可靠安全	
	接线结束后仔细核对接线情况，确保实际接线与接线原理图一致	
	根据项目工作实际需要，规范、准确地建立变量表	
	正确启用系统时钟存储器	
	能正确应用比较指令进行程序编辑	
	正确下载组态和程序到现场设备，并观察调试功能	
操作结果	按下起动按钮，南北向红灯亮，东西向绿灯亮	
	南北向红灯亮，东西向绿灯闪烁	
	南北向红灯亮，东西向黄灯亮	
	东西向红灯亮，南北向绿灯亮	
	东西向红灯亮，南北向绿灯闪烁	
	东西向红灯亮，南北向黄灯亮	
	操作过程规范，器件摆放整齐，工位整洁	

"可编程控制技术"课程学习结果检测表

任务名称	任务 6-2：交通信号灯系统倒计时显示装置的安装与调试	
检测内容		**是否达标**
材料准备	实训 PLC 整机、电源等装置完好，供电正常	
	电工安装工具、绘图工具可正常使用	
	连接线红、黑、蓝、绿各 15 根，外观完好，无机械损伤	
	数码管检测功能完好	
	数字万用表外观完好，检测功能正常，表笔绝缘层无损伤	
操作过程	接线前进行小组讨论，制订详细的工作方案	
	接线前使用万用表检查数码管的各段，显示正常	
	接线前在任务 6-1 的基础上补充接线原理图，并经教师检验正确	
	断开电源开关接线，规范使用工具接线，线路安装正确可靠安全	
	接线结束后仔细核对接线情况，确保实际接线与接线原理图一致	
	在任务 6-1 的基础上补充定义数码管控制所需的变量	
	归纳两位数码管显示控制输出信号与交通信号灯亮灭的时间关系	
	根据两位数码管输出信号与交通信号灯亮灭的时间关系，正确编写梯形图程序	
	正确下载组态和程序到现场设备，并观察调试功能	
操作结果	按下起动按钮，南北向红灯亮，东西向绿灯亮，数码管显示 15 并倒计时到 1	
	南北向红灯亮，东西向绿灯闪烁，数码管显示 3 并倒计时到 1	
	南北向红灯亮，东西向黄灯亮，数码管显示 2 并倒计时到 1	
	东西向红灯亮，南北向绿灯亮，数码管显示 15 并倒计时到 1	
	东西向红灯亮，南北向绿灯闪烁，数码管显示 3 并倒计时到 1	
	东西向红灯亮，南北向黄灯亮，数码管显示 2 并倒计时到 1	
	操作过程规范，器件摆放整齐，工位整洁	

"可编程控制技术"课程学习学生工作记录页

任务名称	任务6-1：交通信号灯系统信号灯的安装与调试		
组别	工位		姓名
第　　组			

工作过程		1.资讯（知识点积累、资料准备）			
		2.计划（制订计划）			
		3.决策（分析并确定工作方案）			
		4.实施			
		5.检测			
	结果观察				
	缺陷与改进	序号	故障现象	原因分析	是否解决
		1			
		2			
		6.评价			
	小组自评	完成情况	□优秀　　□良好　□合格　□不合格		
		效果评价	□非常满意　□满意　□一般　□需改进		
	教师评价	评语			
		综评等级	□优秀　　□良好　□合格　□不合格		
总结反思					

"可编程控制技术"课程学习学生工作记录页

任务名称	任务 6-2：交通信号灯系统倒计时显示装置的安装与调试		
组别	工位		姓名
第　　组			

<table>
<tr><td rowspan="23">工作过程</td><td colspan="4" align="center">1. 资讯（知识点积累、资料准备）</td></tr>
<tr><td colspan="4"></td></tr>
<tr><td colspan="4" align="center">2. 计划（制订计划）</td></tr>
<tr><td colspan="4"></td></tr>
<tr><td colspan="4" align="center">3. 决策（分析并确定工作方案）</td></tr>
<tr><td colspan="4"></td></tr>
<tr><td colspan="4" align="center">4. 实施</td></tr>
<tr><td colspan="4"></td></tr>
<tr><td colspan="4" align="center">5. 检测</td></tr>
<tr><td rowspan="2">结果观察</td><td colspan="3"></td></tr>
<tr><td colspan="3"></td></tr>
<tr><td rowspan="3">缺陷与改进</td><td>序号</td><td>故障现象</td><td>原因分析</td><td>是否解决</td></tr>
<tr><td>1</td><td></td><td></td><td></td></tr>
<tr><td>2</td><td></td><td></td><td></td></tr>
</table>

6. 评价

小组自评	完成情况	□优秀　　□良好　□合格　□不合格
	效果评价	□非常满意　□满意　□一般　□需改进
教师评价	评语	
	综评等级	□优秀　　□良好　□合格　□不合格

总结反思	

项目小结

本项目主要介绍了基本数据类型的基本概念；介绍了 S7-1200 PLC 比较指令，加法、减法、乘法、除法等数学运算指令，传送指令，交换指令的格式、功能和应用；基于交通信号灯控制系统，如何编写控制系统梯形图，还介绍了多位数码管显示电路，使学生对数码管显示电路有了初步的认识。

习题检测

1. 填空题

1-1　MW0 是由_____、_____两个字节组成，其中_____是 MW0 的高字节，是_____MW0 的低字节。

1-2　QD10 是由_____、_____、_____、_____字节组成。

2. 程序题

2-1　将浮点数 12.3 取整后传送至 MB10。

2-2　9s 倒计时控制，要求按下开始按钮后，数码管上显示"9"，松开开始按钮后，数码管显示按每秒递减，减到"0"时停止，然后再次从"9"开始倒计时，不断循环。无论何时按下停止按钮，数码管显示当前值，再次按下开始按钮，数码管从当前值继续递减。

2-3　3 组抢答器控制，要求：在主持人按下开始按钮后，3 组抢答按钮中任意一个按钮被按下时，主持人前面的显示器实时显示该组的编号，同时抢答成功组台前的指示灯亮起，并锁住抢答器，其他组按下抢答器按钮无效。若主持人按下停止按钮，则不能进行抢答，且显示器无显示。如果在主持人按下开始按钮之前进行抢答，则显示器显示该组编号，同时该组号以秒级闪烁表示违规，直至主持人按下复位按钮。若主持人按下开始按钮 10s 后无人抢答，则蜂鸣器响起，表示无人抢答，主持人按下复位按钮可消除蜂鸣器响声。

项目 7

电动机星形－三角形运行
控制系统的组装与调试

一、学习目标

1. 会建立数据块、组织块、函数、函数块。
2. 能说出用户程序的基本结构。
3. 能说出函数（FC）和函数块（FB）的变量参数类型，会设置变量参数。
4. 可以通过带参数的函数（FC）或函数块（FB）实现结构化编程。
5. 能编写数据块、组织块、函数、函数块综合应用程序。
6. 遵守操作规范，记录工作过程，注重团结合作，保持工作环境整洁，形成良好的工作习惯。

二、项目描述

基于 FC（带参数）星形－三角形减压起动的 PLC 控制：

某电气公司一车间，两台设备由两台电动机拖动，两台电动机要实现星形－三角形减压起动，设备 1 星形运行转换到三角形运行的时间为 5s，设备 2 星形运行转换到三角形运行的时间为 10s，其时序要求如图 7-1 所示。请编写相应控制程序实现运行控制及故障报警功能。

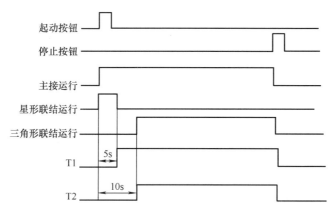

图 7-1　星形－三角形减压起动控制的时序图

三、相关知识和关键技术

3.1 相关知识

S7-1200 PLC 的程序分为系统程序和用户程序。系统程序固化在 CPU 内，主要完成 PLC 的启动，刷新输入的过程映像表和输出的过程映像表，调用用户程序，检测并处理错误，检测中断并调用中断程序，管理存储区域和与其他设备通信等。用户程序是指由用户在 TIA Portal 软件中编写并下载到 CPU 中的程序，S7-1200 PLC 与 S7-300/400 PLC 的用户程序结构基本相同。

3.1.1 三种编程方式

在 STEP 7 中，可采用三种方式来编写用户程序，分别是线性化编程、模块化编程和结构化编程，三种编程方式如图 7-2 所示。

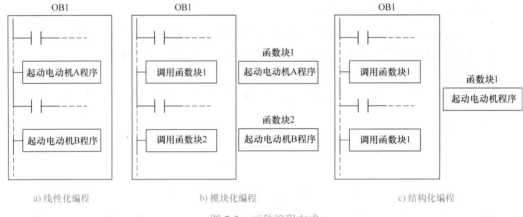

图 7-2 三种编程方式

1. 线性化编程

线性化编程是指将所有的用户程序都写在组织块 OB1 中，程序从前到后按顺序循环运行，如图 7-2a 所示。线性化编程方式不使用函数块（FB）、函数（FC）和数据块（DB）等，比较容易掌握，特别适合初学者使用。

对于简单的程序通常使用线性化编程，如果复杂程序也采用这种方式，不但程序可读性变差，调试查错也比较麻烦，另外，每个周期 CPU 都要从前往后扫描冗长的程序，会降低 CPU 的工作效率。

2. 模块化编程

模块化编程是指将整个程序中具有一定函数功能的程序段独立出来，写在函数（FC）或函数块（FB）中，然后在主程序（写在组织块 OB1 中）的相应位置调用这些函数块。模块化编程如图 7-2b 所示，程序中起动电动机 A 和起动电动机 B 两个程序段被分离出来，分别写在函数块 1 和函数块 2 内，在主程序中执行该程序段的位置放置了调用函数块的指令。

采用模块化编程时，程序被划分为若干块，很容易实现多人同时对一个项目的编程，程序易于阅读和调试，又因为只在需要时才调用有关的函数块，所以提高了CPU的工作效率。

3. 结构化编程

结构化编程是一种更高效的编程方式，虽然与模块化编程一样都要用到函数块，但在采用结构化编程时，将函数功能类似而参数不同的多个程序段写成一个通用程序段，放在一个函数块中，在调用时，只需赋予该函数块不同的输入、输出参数，就能完成与函数功能类似的不同任务。

结构化编程如图7-2c所示，起动电动机A与起动电动机B的过程相同，只是使用了不同的输入点（输入参数）或输出点（输出参数），故可为这两台电动机写一个通用起动程序，放在一个函数块中。当需要起动电动机A时，调用该函数块，同时将起动电动机A的输入参数和输出参数赋予该函数块，该函数块完成起动电动机A的任务；当需要起动电动机B时，也调用该函数块，同时将起动电动机B的输入参数和输出参数赋予该函数块，该函数块就能完成起动电动机B的任务。

结构化编程可简化设计过程，缩短程序代码长度，提高编程效率，阅读、调试和查错都比较方便，比较适合编写复杂的自动化控制任务程序。

3.1.2 用户程序的块结构

在STEP 7中，具体的程序写在块中，各种块有机组合起来就构成了用户程序。块是一些独立的程序或者数据单元，STEP 7中的块有组织块（OB）、函数块（FB）、函数（FC）、背景数据块和全局数据块。各种块的简要说明见表7-1。

表7-1　各种块的简要说明

块	简要说明
组织块（OB）	操作系统与用户程序的接口，决定用户程序的结构
函数块（FB）	用户编写的包含经常使用的功能子程序，有专用的背景数据块
函数（FC）	用户编写的包含经常使用的功能子程序，没有专用的背景数据块
背景数据块	用于保存FB的输入、输出参数和静态变量，其数据在编译时自动生成
全局数据块	存储用户数据的区域，供所有的代码块共享

用户程序块结构之间的关系如图7-3所示。组织块OB是程序的主体，它可以调用函数块FB，也可以调用函数FC，函数或函数块还可以调用其他的函数或函数块，这种被调用的函数或函数块调用其他的函数或函数块的方式称为嵌套，嵌套深度（允许调用的层数）可查CPU模块手册获得。函数与函数块的主要区别在于：函数没有数据块，而函数块有用作存储的数据块。

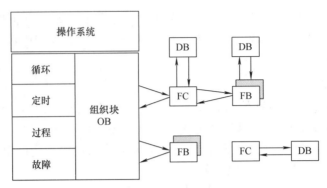

图 7-3　用户程序块结构之间的关系

3.1.3　数据块的数据结构

数据块（DB）有三种数据类型，即全局数据块、背景数据块和用户定义数据块。

全局数据块又称为共享数据块，用于存储全局数据，所有逻辑块（OB、FC、FB）都可以访问全局数据块中存储的数据。

背景数据块为"私有存储器区"，即用作函数块（FB）的"存储器"。FB 的参数和静态变量安排在它的背景数据块中。背景数据块不是用户编辑的，而是由编辑器伴随函数块生成的。

用户定义数据块是以 UDT 为模板生成的数据块。创建用户定义数据块之前，必须先创建一个用户定义数据类型，如 UDT1，并在 LAD/STL/FBD S7 程序编辑器内定义。

3.2　关键技术

3.2.1　函数（FC）的编程与应用

1. 函数（FC）

函数是不带"记忆"的逻辑块。所谓不带"记忆"，即表示没有背景数据块。当完成操作后，数据不能保持。这些数据为临时变量，对于那些需要保存的数据，只能通过全局数据块来存储。调用函数时，需用实参来代替形参。

FC 有两个作用：一是作为子程序应用，二是作为函数应用，FC 的形参通常称为接口区。

变量声明表：每个逻辑块前部都有一个变量声明表，在变量声明表中定义逻辑块要用到局部数据。用户可以设置变量的各种参数，如变量的名称、数据类型、默认值和注释，FC 的变量声明表如图 7-4 所示。

FC 的变量类型有 Input（输入）、Output（输出）、InOut（输入 / 输出）、Temp（临时变量）、Constant（常数）和 Return（返回值）。在 FC 结束调用时将输出 Return 变量（如果有定义）。Temp 变量保存在临时局部数据存储区，由 CPU 根据所执行程序块的情况临时分配，一旦程序块执行完成，该区域将被收回，在下一次执行到该程序块时再重新分配 Temp 存储区。

图 7-4 FC 的变量声明表

2.函数（FC）的结构

将光标放在程序区最上面标有块结构的水平分隔条上，按住鼠标左键，往下拉动分隔条，分隔条上面是函数的接口（Interface），下面是程序区。即函数（FC）由两部分组成：局部变量声明和程序，如图 7-5 所示。

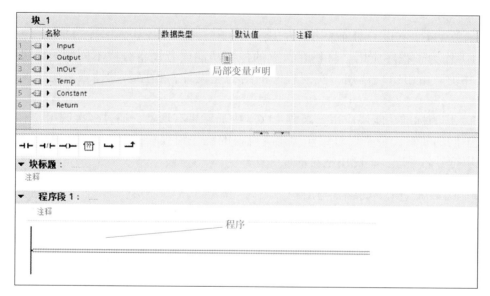

图 7-5 函数（FC）的结构

变量类型：

1）输入 Input：用于接收调用 FC 主调块提供的输入参数。

2）输出 Output：用于将块的程序执行结果返回给主调块的输出参数。

3）输入 / 输出 InOut：初值由主调块提供，块执行完后用同一个参数将它的值返回给主调块。

4）临时变量 Temp：用于存储临时中间结果的变量。暂时保存在局部数据区中的变量，只有在使用块时使用临时变量，执行完后不再保存临时变量的数值。

5）常数 Constant：用于定义符号的常量。

6）返回值 Return：在 FC 结束调用时输出 Return 变量。

3. 创建函数（FC）的操作步骤

1）在 TIA Portal 项目树中，双击"程序块"中的"添加新块"，将打开"添加新块"对话框。

2）单击"函数"（FC）按钮，输入新块的名称与属性。

3）若需输入新块的其他属性，单击"其他信息"栏，将显示一个具有更多输入域的区域。

4）输入所需的属性。

5）若块在创建后未自动打开，则勾选"新增并打开"复选框。

6）单击"确定"按钮。

4. 函数（FC）的编程步骤

第一步，定义局部变量。首先，定义形参和临时变量（如果是无参数的则不需要定义），之后确定变量的类型及添加变量注释。

第二步，编写程序。在程序中若使用变量名，则变量名标识显示为前缀"#"加变量名的形式，若使用全局符号则显示为全局符号加引号的形式。

5. 函数（FC）应用说明

函数（FC）有以下两种常用的方法：

1）作为子程序应用。将相互独立的控制功能或者设备分成不同的函数进行编写，并统一由组织块调用，实现程序的结构化设计，程序易读性强，便于调试和维护。

2）作为标准功能块应用。函数（FC）中通常带有形参，通过多次调用，对形参赋予不同的实参，可实现对相同功能类设备的统一编程和控制。同时，函数的形参只能用符号名寻址，不能用绝对地址寻址。

3.2.2　函数块（FB）的编程与应用

1. 函数块（FB）

函数块是用户所编写的有固定存储区的块，它有一个数据结构与函数块参数表完全相同的背景数据块（DB）。当函数块被执行时，数据块被调用，函数块结束，调用随之结束，但存放在背景数据块中的数据在 FB 块结束后继续保持。一个函数块可以有多个背景数据块，使函数块可以被不同的对象使用。

函数块（FB）在程序的体系结构中位于组织块之下，它包含程序的部分，在 OB1 中可以被多次调用。与 FC 相比，每次调用 FB 都必须分配一个背景数据块，函数块的所有形参和静态数据都存储在一个单独的、被指定给该函数块的数据块中，用来存储接口数据（Temp 类型除外）和运算的中间数据。

FB 的接口区比 FC 多了一个静态数据区（Static），用来存储中间变量。程序调用 FB 时，形参不像 FC 那样必须赋值，可以通过背景数据块直接赋值。

FB 和 FC 一样，都是用户自己编写的程序块，块插入方式与 FC 相同。FB 也是由变量声明表和程序指令组成的，FB 的变量声明表如图 7-6 所示。

块_1										
	名称	数据类型	默认值	保持	从 HMI/OPC...	从 H...	在 HMI ...	设定值	注释
1	▶ Input									
2	▶ Output		📋	▼						
3	▶ InOut									
4	▶ Static									
5	▶ Temp									
6	▶ Constant									

图 7-6　FB 的变量声明表

FB 和 FC 相同的变量类型有 Input（输入）、Output（输出）、InOut（输入 / 输出）、Temp（临时变量）及 Constant（常数）。FB 没有 Return（返回值）变量，而有 Static（静态）变量类型，静态变量类型存储在 FB 的背景数据块中，当 FB 被调用完后，静态变量的数据仍然有效，其内容被保留，在 PLC 运行期间，能读出或修改它的值。

可以在 FB 的变量声明表中给形参赋初值，它们被自动写入相应的背景数据块中。

函数（FC）没有背景数据块，不能给变量分配初值，所以必须给 FC 分配实参。STEP 7 为 FC 提供了一个特殊的输出参数返回值（RET_VAL），调用 FC 时，可以指定一个地址作为实参来存储返回值。

函数和函数块的调用必须用实参代替形参，因为形参是在函数或函数块的变量声明表中定义的。为保证函数或函数块对同一类设备的通用性，在编程中不能使用实际对应的存储区地址参数，而要使用抽象参数，即形参。而块在被调用时，必须用实际参数（实参）替代形参，从而可以通过函数或函数块实现对具体设备的控制。

注意： 实参的数据类型必须与形参一致。

2. 函数块（FB）的编程步骤

函数块（FB）的编程步骤与 FC 是一样的。

3. 函数块（FB）应用说明

1）当调用函数块时，必须为其分配一个背景数据块，背景数据块不能重复使用，否则会产生数据冲突。

2）当调用函数块时，可以不对形参赋值，而直接对背景数据块赋值。

3）当多次调用函数块时，可以使用多重背景数据块，生成一个总的背景数据块，避免生成多个独立的数据块，从而影响数据块资源的使用。

3.2.3　函数与函数块的区别

FB 和 FC 均为用户编写的子程序，接口区中均有 Input、Output、InOut 参数和 Temp 数据。FC 的返回值实际上属于输出参数。下面是 FC 和 FB 的区别：

1）函数没有背景数据块，函数块有背景数据块。

2）只能在函数内部访问它的局部变量。其他代码块或 HMI（人机界面）可以访问函数块背景数据块中的变量。

3）函数没有静态（Static）变量，函数块有保存在背景数据块中的静态变量。函数如果有执行完后需要保存的数据，只能用全局数据区（如全局数据块和 M 区）来保存。如果块的内部使用了全局变量，在移植时，需要重新统一分配所有块内部使用的全局变量地址。当程序很复杂、代码块很多时，这种重新分配全局变量地址的工作量非常大，也很容易出错。如果函数或函数块的内部不使用全局变量，只使用局部变量，则不需要做任何修改就可以将块移植到其他项目，这样的块具有很好的可移植性。如果代码块有执行完后需要保存的数据，显然应使用函数块，而不是函数。

4）函数块的局部变量（不包括 Temp）有默认值（初始值），函数的局部变量没有默认值。在调用函数块时可以不设置某些有默认值的输入、输出参数的实参，这种情况下将使用这些参数在背景数据块中的起始值，或使用上一次执行后的参数值，这样可以简化调用函数块的操作。调用函数时应给所有的形参指定实参。

5）函数块的输出参数值不仅与来自外部的输入参数有关，还与用静态数据保存的内部状态数据有关。函数因为没有静态数据，相同的输入参数会产生相同的执行结果。

四、工作任务

任务名称	任务 7-1：基于 FC（不带参数）星形 – 三角形减压起动的 PLC 控制	
小组成员	组长：	成员：
任务环境	**主要设备 / 材料**	**主要工具**
	1）SCE-PLC01 实训装置	1）铅笔（2B）
	2）实训装置电源模块	2）直尺（300mm）
	3）实训装置 PLC 模块	3）绘图橡皮
	4）实训装置 2# 连接导线	4）计算机
参考资料	教材、任务单、PLC 1200 技术手册 SCE-PLC01 PLC 控制技术实训装置使用手册	
任务要求	1）完成 I/O 分配，绘制接线图，制订工作方案 2）按照硬件接线图完成接线 3）检查接线结果是否达标并进行改进 4）完成程序设计，并进行程序的调试及优化 5）记录工作过程，进行学习总结和学习反思 6）规范操作，确保工作安全和设备安全 7）注重团队合作，组内协助进行作业任务 8）保持工作环境整洁	
工作过程	1）小组讨论，确定人员分工，小组协作完成工作任务 2）查阅资料，小组讨论，确定工作方案，包含 I/O 分配表、硬件接线图、PLC 控制程序等 3）断开电源模块各送电开关，按规范使用不同颜色的 2# 连接导线完成硬件接线，核对接线，整理线路 4）合闸送电，观察 PLC 运行指示灯是否正常，如有故障应停电检修线路 5）在 Portal 软件中完成硬件组态，创建函数（FC），定义局部变量 6）完成函数程序的编写 7）完成函数程序的调用及赋值 8）运行程序，查看是否能实现电动机的星形 – 三角形减压起动 9）按照学习结果检查表，检查接线及调试结果是否达标 10）小组讨论，总结学习成果，反思学习不足 11）工作结束，整理保存相关资料 12）清理工位，复原设备模块，清扫工作场地	
注意事项	1）文明作业，爱护实训设备 2）规范操作，重视操作安全 3）合作学习，注重团队协作 4）及时整理，保持环境整洁 5）总结反思，持续改进提升	

任务名称	任务 7-2：基于 FC（带参数）星形 – 三角形减压起动的 PLC 控制	
小组成员	组长：　　　　　　　　　　　　成员：	
任务环境	主要设备 / 材料	主要工具
	1）SCE–PLC01 实训装置 2）实训装置电源模块 3）实训装置 PLC 模块 4）实训装置 2# 连接导线	1）铅笔（2B） 2）直尺（300mm） 3）绘图橡皮 4）计算机
参考资料	教材、任务单、PLC 1200 技术手册	
任务要求	1）按任务需求制订工作方案，并按照方案完成硬件接线 2）在软件中完成硬件组态，进行程序设计 3）调试程序，根据运行结果调整方案，进一步优化程序 4）规范操作，确保工作安全和设备安全 5）完成评价，记录工作过程，进行学习总结和学习反思 6）注重团队合作，组内协助工作 7）保持工作环境整洁，形成良好的工作习惯	
工作过程	1）小组讨论，确定人员分工，小组协作完成工作任务 2）查阅资料，小组讨论，确定工作方案，完成 I/O 分配表，绘制硬件接线图，设计 PLC 程序 3）断开电源模块各送电开关，按规范使用不同颜色导线完成接线，核对接线是否正确，并整理线路，确保线路足够整齐 4）合闸送电，观察 PLC 运行指示灯是否正常，如有故障应停电检修线路 5）在 Portal 软件中，完成硬件组态，创建函数（FC），编写两台电动机星形 – 三角形减压起动的 PLC 控制程序 6）运行程序，查看是否能实现控制要求 7）按照学习结果检查表及控制要求，检查接线及程序调试结果是否达标 8）结合控制要求进一步完善方案，优化程序 9）小组讨论，总结学习成果，反思学习不足 10）工作结束，整理保存相关资料 11）清理工位，复原设备模块，清扫工作场地	
注意事项	1）规范操作，确保人身安全和设备安全 2）仔细核对，杜绝因电源接入错误造成不可逆转的严重后果 3）合作学习，注重团队协作，分工配合共同完成工作任务 4）分色接线，便于查故检修，降低误接事故概率 5）及时整理，保持环境整洁，保证实训设备持续稳定使用	

"可编程控制技术"课程学习结果检测表

任务名称	任务 7-1：基于 FC（不带参数）星形 – 三角形减压起动的 PLC 控制	
检测内容		是否达标
材料准备	实训装置整机完好，供电正常	
	实训装置 PLC 模块、电源模块、电机控制模块外观完好无损伤	
	实训装置 2# 连接线红、黑、蓝、绿各 15 根，外观完好，无机械损伤	
项目设计	接线前进行小组讨论，制订详细的工作方案	
	根据任务要求制定出正确的 PLC 的 I/O 分配表	
	根据任务要求画出 I/O 硬件接线图	
	根据任务要求设计 PLC 控制程序	
硬件接线	接线图正确、规范、美观	
	PLC 模块的"+"端和"–"端分别接入电源模块的"24V"端和"0V"端	
	PLC 模块的"1L"和"3L"端均接入电源模块的"24V"端	
	PLC 模块的"1M"端和"3M"端均接入电源模块的"0V"端	
	所有接入"24V"端的线均选用红色线	
	所有接入"0V"端的线均选用黑色线	
	级联接入同一接线端的导线数量均不超过 2 条	
	线路布设整齐，交叉少	
软件操作	PC 和 PLC 的 IP 地址在同一网段	
	组态中的 CPU、信号板的型号和订货号选择正确	
	组态无故障，能完整下载至 PLC 并建立网络连接	
	程序无编译错误提示	
	梯形图表达正确，画法规范，参数定义正确	
结果调试	按下起动按钮，电动机星形 – 三角形减压起动	
	按下停止按钮，电动机停止运转	

"可编程控制技术"课程学习结果检测表

任务名称	任务 7-2：基于 FC（带参数）星形 – 三角形减压起动的 PLC 控制	
	检测内容	是否达标
项目设计	接线前进行小组讨论，制订详细的工作方案	
	根据任务要求制定出正确的 PLC 的 I/O 分配表	
	根据任务要求画出 I/O 硬件接线图	
	根据任务要求设计出 PLC 控制程序	
硬件接线	接线图正确、规范、美观	
	PLC 模块的"+"端和"–"端分别接入电源模块的"24V"端和"0V"端	
	PLC 模块的"1L"端和"3L"端均接入电源模块的"24V"端	
	PLC 模块的"1M"端和"3M"端均接入电源模块的"0V"端	
	所有接入"24V"端的线均选用红色线	
	所有接入"0V"端的线均选用黑色线	
	级联接入同一接线端的导线数量均不超过 2 条	
	线路布设整齐，交叉少	
	设备组态下载完成，PLC 运行指示灯为绿色	
软件操作	PC 和 PLC 的 IP 地址在同一网段	
	组态中的 CPU、信号板的型号和订货号选择正确	
	组态无故障，能完整下载至 PLC 并建立网络连接	
	程序无编译错误提示，梯形图表达正确，参数定义正确	
结果调试	按下设备 1 起动按钮，电动机 1 星形 – 三角形减压起动，转换时间为 5s	
	按下设备 1 停止按钮，电动机 1 停止运转	
	按下设备 2 起动按钮，电动机 2 星形 – 三角形减压起动，转换时间为 10s	
	按下设备 2 停止按钮，电动机 2 停止运转	

“可编程控制技术”课程学习学生工作记录页

任务名称	任务 7-1：基于 FC（不带参数）星形 – 三角形减压起动的 PLC 控制		
组别	工位		姓名
第　　组			

工作过程	1. 资讯（知识点积累、资料准备）			
	2. 计划（制订计划）			
	3. 决策（分析并确定工作方案）			
	4. 实施			
	5. 检测			
	结果观察			
	缺陷与改进	序号	故障现象	原因分析	是否解决
		1			
		2			
	6. 评价			
	小组自评	完成情况　□优秀　　□良好　□合格　□不合格		
		效果评价　□非常满意　□满意　□一般　□需改进		
	教师评价	评语		
		综评等级　　□优秀　　□良好　□合格　□不合格		

总结反思

“可编程控制技术”课程学习学生工作记录页

任务名称	任务 7-2：基于 FC（带参数）星形 – 三角形减压起动的 PLC 控制		
组别	工位		姓名
第　组			

<table>
<tr><td rowspan="20">工作过程</td><td colspan="4">1. 资讯（知识点积累、资料准备）</td></tr>
<tr><td colspan="4"></td></tr>
<tr><td colspan="4">2. 计划（制订计划）</td></tr>
<tr><td colspan="4"></td></tr>
<tr><td colspan="4">3. 决策（分析并确定工作方案）</td></tr>
<tr><td colspan="4"></td></tr>
<tr><td colspan="4">4. 实施</td></tr>
<tr><td colspan="4"></td></tr>
<tr><td colspan="4">5. 检测</td></tr>
<tr><td>结果观察</td><td colspan="3"></td></tr>
<tr><td rowspan="3">缺陷与改进</td><td>序号</td><td>故障现象</td><td>原因分析</td><td>是否解决</td></tr>
</table>

序号	故障现象	原因分析	是否解决
1			
2			

6. 评价

小组自评	完成情况	□优秀　　□良好　□合格　□不合格
	效果评价	□非常满意　□满意　□一般　□需改进
教师评价	评语	
	综评等级	□优秀　　□良好　□合格　□不合格

总结反思

项目小结

本项目主要介绍了用户程序的块结构，对其中的函数（FC）和函数块（FB）进行了重点介绍；以西门子 S7-1200 PLC 为例，介绍了函数（FC）和函数块（FB）的创建方法、接口区参数及调用与赋值。

本项目还以电动机星形 - 三角形减压起动与运行的 PLC 控制为工作载体，学习了函数（FC）和函数块（FB）的编程步骤。

通过本项目的学习，学生可以实现函数（FC）和函数块（FB）的多重调用，实现结构化编程。

习题检测

1. 填空题

1-1 FB 与 FC 在参数上的区别是后者多一个_____。

1-2 背景数据块中的数据是函数块的_____中的数据（不包括临时数据）。

1-3 调用_____和_____时需要指定其背景数据块。

1-4 在梯形图中调用函数块时，方框内是函数块的_____，方框外是对应的_____。方框的左边是块的_____参数，右边是块的_____参数。

2. 简答题

2-1 函数和函数块有什么区别？

2-2 怎样生成多重背景数据块？怎样调用多重背景？

2-3 简述全局数据块与背景数据块的区别。

3. 设计题

3-1 设计求圆周长的函数 FC，FC 的输入变量为直径 Diameter（整数），取圆周率为 3.14，用浮点数运算指令计算圆的周长，存放在双字输出变量 Circle 中。在 OB1 中调用 FC，直径的输入值为 100，存放圆周长的地址为 MD10。

3-2 采用有静态参数的函数块实现电动机起停控制系统。控制要求：用输入参数"Start"（起动按钮）和"Stop"（停止按钮）控制输出参数"Motor"（电动机）。按下停止按钮，输入参数 TOF 指定的关断延时定时器开始定时，输出参数"Brake"（制动器）为 1 状态，经过时间预设值后停止制动。整型输入参数"Speed"（实际速度）大于等于预设转速"Prespeed"，Bool 型输出参数"Overspeed"（转速过高）为 1 状态。

3-3 编程实现 $Y=(A+X)\times 3\div 4$ 的算法。其中，A 为常数，它的值在应用时可根据需要改变，设其初始值分别为 3、4、5，该算法能在程序中多次调用。

编程思路：实现 $Y=(A+X)\times 3\div 4$ 的算法能在程序中多次调用，可用函数块 FB1 来实现，在主程序中实现对 FB1 的多次调用，可把常数 A 设置成静态变量，赋初始值分别为 3、4、5。

项目 8

恒温烘干系统的组装与调试

一、学习目标

1. 能够说出自动控制的原理，并能根据要求绘制闭环控制示意图。
2. 能够说出比例控制、积分控制、微分控制的特点，以及 PID 控制器的组成。
3. 能够选择合适的模拟量模块，并在 Portal 软件中操作完成组态。
4. 能够正确完成温度变送器的接线。
5. 能够编写模拟量信号采集与处理程序。
6. 能够添加 PID 指令块，并完成工艺对象的参数设置。
7. 能够通过 S7-1200 PLC 的 PID 参数自整定功能实现参数设定，并根据具体的控制要求完成程序设计。

二、项目描述

某项目需要设计一个恒温烘干系统。具体控制要求：PLC 能根据温度变送器输出的电流信号，实时显示实际温度。进行烘干作业具有手动和自动两种操作模式，当选择开关打到手动模式时，要求加热器以 30% 的脉冲进行加热；当选择开关打到自动模式时，要求按下起动按钮后烘干系统的温度保持在 60℃。若温度低于下限 50℃或高于上限 70℃时均报警，按下停止按钮后，加热器立即停止，报警灯熄灭。

三、相关知识和关键技术

3.1 相关知识

3.1.1 模拟量与模拟量模块

1. 模拟量

模拟量是区别于数字量的一个连续变化的电压或电流信号。模拟量可作为 PLC 的输入或输出，通过传感器或控制设备对控制系统的温度、压力、流量等模拟量进行检测或控制，通过模拟量转换模块或变送器可将传感器提供的电量或非电量转换为标准的直流电流（0 ~ 20mA、4 ~ 20mA、± 20mA 等）信号或直流电压信号

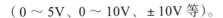

（0～5V、0～10V、±10V 等）。

2. 模拟量模块

S7-1200 PLC 的紧凑型 CPU 模块已集成 2 通道模拟信号输入，其中，CPU 1215C 和 CPU 1217C 还集成有 2 通道模拟信号输出。在控制系统需要模拟量通道较少的情况下，可通过信号板来增加模拟量通道，如果系统需要的模拟量通道较多，就需要通过模拟量信号模块进行扩展。

3. 模拟量的数字转换

以模拟量输入模块 SM 1231 AI4×13/16bit 为例，该模块的输入量范围可选 ±2.5V、±5V、±10V 或 0～20mA，分辨率为 12 位加上符号位，电压输入的输入电阻大于或等于 9MΩ、电流输入的输入电阻为 250Ω。若选择测量范围为 ±10V，假如温度变送器的测量范围 0～150℃，输出信号为 0～10V，给到 PLC 模拟量输入通道后，PLC 模拟量通道会显示数值 0～27648。若选择测量范围为 0～20mA，假如温度变送器的测量范围为 20～150℃，输出信号为 4～20mA，给到 PLC 模拟量输入通道后，PLC 模拟量通道会显示数值 5530～27648。

以模拟量输出模块 SM 1232 AQ2×14bit 为例，该模块的输出电压为 -10～+10V，分辨率为 14 位，最小负载阻抗为 1000MΩ。当输出电流为 0～20mA 时，分辨率为 13 位，最大负载阻抗为 600Ω。以电压形式输出时，数字 -27648～27648 被转换为 -10～10V 的电压。以电流形式输出时，数字 0～27648 被转换为 0～20mA 的电流。

4. 模拟量模块的地址分配

模拟量模块以通道为单位，一个通道占 1 个字（2B）地址。S7-1200 PLC 模拟量模块的系统默认地址为 I/QW96～I/QW222。一个模拟量模块最多有 8 个通道，从 96 号字节开始，S7-1200 PLC 给每个模拟量模块分配 16B（8 个字）的地址。N 号槽模拟量模块的起始地址为 $(N-2)×16+96$，其中，N 大于或等于 2。集成模拟量输入/输出系统的默认地址是 I/QW64、I/QW66，信号板上模拟量输入/输出系统的默认地址是 I/QW80。

对信号模块组态时，CPU 将会根据模块所在的槽号，按上述原则自动地分配模块的默认地址。双击设备组态窗口中相应模块，其"常规"属性中都列出每个通道的输入或输出起始地址。

模拟量输入地址的标识符是 IW，模拟量输出地址的标识符是 QW。

3.1.2 自动控制

自动控制是指在无人直接参与的情况下，利用控制器操纵被控对象，使被控量等于给定量或按给定信号的变化规律进行变化的过程。自动控制需要建立一个受控对象、一个输出量、一个输入量、一个检测元件及一个执行器，并将它们按照图 8-1 所示连接起来，通过给定量和检测的实际值得出一个偏差量后，再由控制器进行控制。

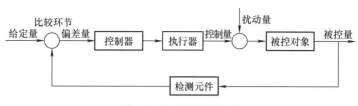

图 8-1　自动控制示意图

3.1.3　PID 控制

在工程实践中，应用最广泛的调节器控制有比例、积分、微分控制，简称 PID 控制或调节。它以结构简单、稳定性好、工作可靠、调整方便而成为工业控制的主要技术之一。

PID 控制就是根据系统的误差，利用比例、积分、微分计算出控制量进行控制。

1. 比例（P）控制

比例控制是一种很简单的控制方式，其控制器输出与输入的误差信号成正比关系。当仅有比例控制时，系统输出存在稳态误差。

2. 积分（I）控制

在积分控制中，控制器的输出与输入误差信号的积分成正比关系。为了消除控制系统的稳态误差，控制器必须引入积分项。积分项是误差对时间的积分，随着时间的增加，积分项也会增大。这样，即便误差很小，积分项也会随着时间的增加而增大，从而推动控制器的输出增大，使稳态误差进一步减小，直到等于零。比例 + 积分（PI）控制器能有效改善系统的稳态误差。

3. 微分（D）控制

在微分控制中，控制器的输出与输入误差信号的微分（误差的变化率）成正比关系。自动控制系统在克服误差的调节过程中可能会出现振荡甚至失稳。解决的办法是增加微分项，它能预测误差变化的趋势，在误差接近零时，让抑制误差的作用为零。具有比例 + 微分的控制器就能够提前使抑制误差的控制作用等于零，甚至为负值，从而避免了被控量的严重超调。所以，对有较大惯性或滞后的被控对象，比例 + 微分（PD）控制器能改善系统在调节过程中的动态特性。

3.1.4　PID 控制器

1. 定义

PID 控制器是由比例、积分及微分单元组成的。它在控制回路中可以连续检测受控变量的实际值，并将其与期望设定值进行比较。PID 控制器使用所生成的控制偏差来计算输出，以便尽可能快速平稳地将受控变量调整到设定值。西门子 S7-1200 PLC 的 PID 控制器是由受控对象、控制器、检测元件（传感器）及控制元件组成的。

2. PID 工艺对象和 PID 指令

PID_Compact 工艺对象是用于实现在自动和手动模式下都可自我优化调节的 PID 控制器 PID_Compact_DB。在控制回路中，PID 控制器可以连续采集受控变量的实际测量值，并将其与期望设定值进行比较。

PID 控制器基于所生成的系统偏差计算控制器的输出，可以尽可能快速稳定地将受控变量调整到设定值。PID 控制器的输出值可以通过以下三个分量进行计算：通过比例分量计算的控制器输出值与系统偏差成比例；通过积分分量计算的控制器输出值随控制器输出的持续时间而增加，最终补偿控制器的输出；PID 控制器的微分分量随系统偏差变化率的增加而增加，系统偏差的变化率减小时，微分分量也会随之减小。

工艺对象在"初始启动时自调节"期间可以自行计算 PID 控制器的比例、积分及微分分量，并通过"运行中自调节"对参数进行进一步的优化。

一般来说，新的组织块需要创建 PID 控制器的块，并以循环中断组织块的形式出现。循环中断组织块可用于以周期性时间间隔启动程序，而与循环程序的执行情况无关。循环中断 OB 将中断循环程序的执行，并会在中断结束后继续执行。图 8-2 显示了带有循环中断 OB 的程序执行。

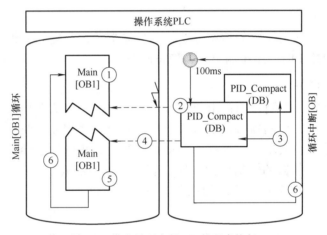

图 8-2　带有循环中断 OB 的程序执行

从图 8-2 中可以看出，PID 控制器的工作原理如下：

1）程序从 Main[OB1] 开始执行。

2）循环中断每 100ms 触发一次，会在任何时间（如在执行 Main[OB1] 期间）中断程序，并执行循环中断 OB 中的程序。程序中包含功能块 PID_Compact。

3）执行 PID_Compact（DB）并将值写入数据块 PID_Compact（DB）。

4）执行循环中断 OB200 后，Main[OB1] 将从中断点继续执行，相关值保留不变。

5）Main[OB1] 操作完成。

6）将重新开始该程序的循环。

3.2　关键技术

3.2.1　指令说明

由于本实例需要进行模拟量的量程转换，实现 PID 控制，所以会用到"SCALE_

X"（缩放）指令、"NORM_X"（标准化）指令以及 PID 指令，指令说明如下：

在"指令"选项卡中选择"基本指令"→"转换操作"选项，就可以找到
"SCALE_X"（缩放）指令和"NORM_X"（标准化）指令，如图 8-3 所示。

图 8-3　转换操作指令

1. "SCALE_X"指令

1）指令介绍。"SCALE_X"指令如图 8-4 所示，它用于将输入参数 VALUE 的值映射到指定的值范围进行缩放处理，计算公式为

$$OUT=[VALUE \times (MAX-MIN)]+MIN$$

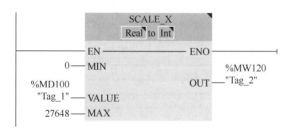

图 8-4　"SCALE_X"指令

2）指令参数。"SCALE_X"指令输入 / 输出引脚参数的说明见表 8-1。

表 8-1　"SCALE_X"指令输入 / 输出引脚参数说明

引脚参数	数据类型	说明
MIN	整数、浮点数	取值范围的下限
VALUE	浮点数	需要缩放的值
MAX	整数、浮点数	取值范围的上限
OUT	整数、浮点数	缩放的结果

2. "NORM_X"指令

1）指令介绍。"NORM_X"指令如图 8-5 所示，它通过将输入参数 VALUE 的值映射到线性标尺对其进行标准化处理，计算公式为

$$OUT=(VALUE-MIN)/(MAX-MIN)$$

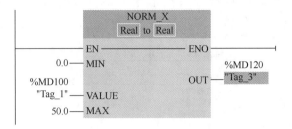

图 8-5 "NORM_X"指令

2）指令参数。"NORM_X"指令输入/输出引脚参数的说明见表 8-2。

表 8-2 "NORM_X"指令输入/输出引脚参数说明

引脚参数	数据类型	说明
MIN	整数、浮点数	取值范围的下限
VALUE	整数、浮点数	需要标准化的值
MAX	整数、浮点数	取值范围的上限
OUT	浮点数	标准化的结果

3. "PID"指令

在"指令"窗格中选择"工艺"→"PID 控制"→"Compact PID"选项，"Compact PID"指令集如图 8-6 所示。

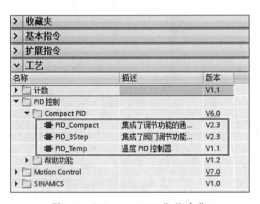

图 8-6 "Compact PID"指令集

"Compact PID"指令集主要包括 3 个指令："PID_Compact"（集成了调节功能的通用 PID 控制器）、"PID_3Step"（集成了阀门调节功能的 PID 控制器）和"PID_Temp"（温度 PID 控制器）。每个指令块在被拖拽到程序工作区时都将自动分配背景数据块，背景数据块的名称可以自行修改，背景数据块的编号可以手动或自动分配。"PID_Compact"指令为常用指令，本书主要介绍该指令。

1）指令介绍。"PID_Compact"指令提供了一种集成了调节功能的通用 PID 控制器，具有抗积分饱和的功能，并且能够对比例作用和微分作用进行加权运算，需要在时间中断 OB（组织块）中调用"PID_Compact"指令。"PID_Compact"指令如图 8-7 所示。

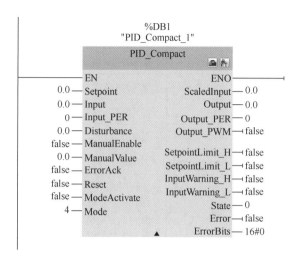

图 8-7　"PID_Compact"指令

2）指令参数。"PID_Compact"指令输入 / 输出引脚参数的说明见表 8-3。

表 8-3　"PID_Compact"指令输入 / 输出引脚参数说明

引脚参数	数据类型	说明
Setpoint	Real	自动模式下的设定值
Input	Real	用户程序的变量用作过程值的源
Input_PER	Word	模拟量输入用过程值的源
Disturbance	Real	扰动变量或预控制值
ManualEnable	Bool	当 0→1 上升沿时，激活"手动模式"；当 1→0 下降沿时，激活由 Mode 指定的工作模式
ManualValue	Real	手动模式下的输出值
ErrorAck	Bool	当 0→1 上升沿时，将复位 ErrorBits 和 Warning
Reset	Bool	重新启动控制器
ModeActivate	Bool	当 0→1 上升沿时，将切换到保存在 Mode 参数中的工作模式
Mode	Int	指定 PID_Compact 将转换的工作模式，具体如下：Mode=0：未激活；Mode=1：预调节；Mode=2：精确调节；Mode=3：自动模式；Mode=4：手动模式
ScaledInput	Real	标定的过程值
Output	Real	Real 形式的输出值

（续）

引脚参数	数据类型	说明
Output_PER	Word	模拟量输出值
Output_PWM	Bool	脉宽调制输出值
SetpointLimit_H	Bool	当其值为 1 时，说明已达到设定值的绝对上限
SetpointLimit_L	Bool	当其值为 1 时，说明已达到设定值的绝对下限
InputWarning_H	Bool	当其值为 1 时，说明过程值已达到或超出警告上限
InputWarning_L	Bool	当其值为 1 时，说明过程值已达到或低于警告下限
State	Int	显示了 PID 控制器的当前工作模式，具体如下： State=0：未激活；State=1：预调节；State=2：精确调节； State=3：自动模式；State=4：手动模式；State=5：带错误 监视的替代输出值
Error	Bool	当其值为 1 时，表示周期内错误消息未解决
ErrorBits	DWord	错误消息代码

3.2.2　模拟量模块的组态

在"项目树"窗格中，单击"PLC_1[CPU 1214C DC/DC/DC]"下拉按钮，双击"设备组态"选项，在硬件目录中找到"AI/AQ"→"AI 4×13BIT/AQ 2×14BIT"→"6ES7 234–4HE32–0XB0"，拖拽此模块至 CPU 插槽 2 即可，如图 8-8 所示。

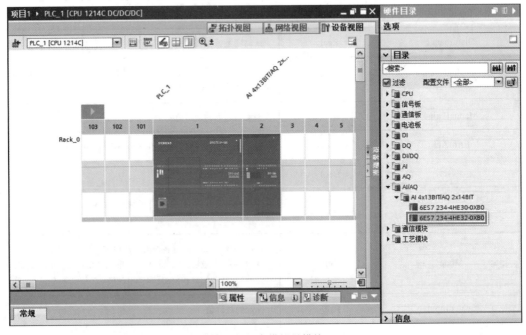

图 8-8　组态模拟量模块

由于模拟量输入或输出模块提供不止一种类型信号的输入或输出，每种信号的测量范围又有多种选择，因此必须对模块信号类型和测量范围进行设定。

CPU 上集成的模拟量，均为模拟量输入电压（0～10V）和模拟量输出电流（0～20mA 或 4～20mA），无法对其进行更改。通常每个模拟量信号模块都可以更改其测量信号的类型和范围，在参考硬件手册正确地进行接线的情况下，再利用编程软件进行更改。

注意：必须在 CPU 为"STOP"模式时才能设置参数，且需要将参数进行下载。当 CPU 从"STOP"模式切换到"RUN"模式后，CPU 即将设定的参数传送到每个模拟量模块中。

在项目视图中打开"设备组态"，单击选中第 1 号槽上的模拟量模块，再单击巡视窗口下方最右边的▲按钮，便可展开其模拟量模块的属性窗口（或双击第 1 号槽上的模拟量模块，便可直接打开其属性窗口），如图 8-9 所示。其"常规"属性中包括"常规"和"AI 4/AQ 2"两个选项，"常规"项给出了该模块的名称、描述、注释、订货号及固件版本等。在"AI 4/AQ 2"选项卡的"模拟量输入"项中可设置信号的测量类型、电压范围及滤波级别（一般选择"弱"级，可以抑制工频信号对模拟量信号的干扰），单击测量类型后面的▼按钮，可以看到测量类型有电压和电流两种。单击电压范围后面的▼按钮，若测量类型选为电压，则电压范围为 ±2.5V、±5V、±10V；若测量类型选为电流，则电流范围为 0～20mA 和 4～20mA。在此对话框中可以激活输入信号的"启用断路诊断""启用溢出诊断""启用下溢诊断"等功能。在"模拟量输出"项中可设置输出模拟量的信号类型（电压和电流）及范围（若输出为电压信号，则范围为 0～10V；若输出为电流信号，则范围为 0～20mA）。还可以设置 CPU 进入 STOP 模式后各输出点保持最后的值，或使用替换值，如图 8-10 所示，选中后者时，可以设置各点的替换值。可以激活电压输出的短路诊断功能、电流输出的断路诊断功能，以及超出上限值 32511 或低于下限值 −32512 的诊断功能（模拟量的超上限值为 32767，超下限值为 −32768）。

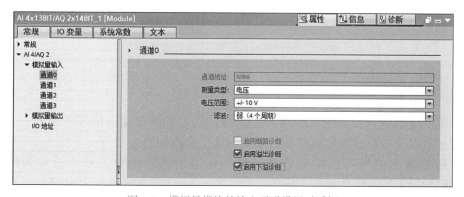

图 8-9　模拟量模块的输入通道设置对话框

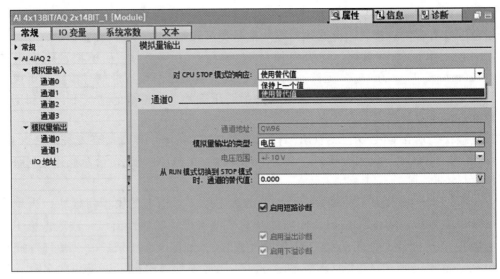

图 8-10　模拟量模块的输出通道设置对话框

在"AI 4/AQ 2"选项下的"I/Q 地址"项给出了输入 / 输出地址的起始和结束地址，用户可以自定义通道地址（这些地址可在设备组态中更改，范围为 0 ～ 1022），如图 8-11 所示。

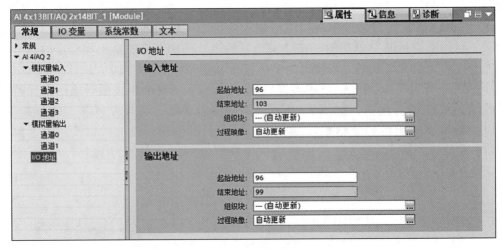

图 8-11　模拟量模块的 I/O 地址属性对话框

3.2.3　温度变送器及接线

温度变送器是一种将温度变量转换为可传送的标准化输出信号的仪表，主要用于工业过程温度参数的测量和控制。常见温度变送器如图 8-12 所示。

变送器输出信号与温度变量之间有一给定的连续函数关系（通常为线性函数），标准化输出信号有 0 ～ 10mA、4 ～ 20mA、1 ～ 5V 等直流电信号。温度变送器按供电接线方式主要有两线制和四线制两种（除 RWB 型温度变送器为三线制外）。

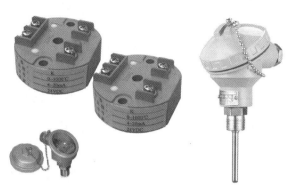

图 8-12　常见温度变送器

3.2.4　PID 控制实施步骤

第一步：新建项目及组态。打开 Portal 软件，在 Portal 视图中单击"创建新项目"选项，在弹出的界面中输入项目名称、路径和作者等信息，创建新项目，进入项目视图，通过添加新设备完成项目组态。

第二步：组态模拟量模块。在"项目树"窗格中单击"PLC_1[CPU 1214C DC/DC/DC]"下拉按钮，双击"设备组态"选项，在硬件目录中找到相应的模拟量输入模块与模拟量输出模块，并配置通道参数。

第三步：新建 PLC 变量表。在"项目树"窗格中依次单击"PLC_1[CPU 1214C DC/DC/DC]"→"PLC 变量"选项，双击"添加新变量表"选项，并将新添加的变量表命名为"PLC 变量表"，然后在"PLC 变量表"中根据实际需求新建变量，如图 8-13 所示。

	名称	数据类型	地址	保持	从 H...	从 H...	在 H...	注释
1	模拟量通道输入值	Int	%IW96		☑	☑	☑	
2	模拟量通道输出值	Int	%QW96		☑	☑	☑	
3	设定值	Real	%MD10		☑	☑	☑	
4	<新增>				☑	☑	☑	

PLC变量表

图 8-13　PLC 变量表

第四步：添加循环中断程序块，并添加 PID 指令块。在"项目树"窗格中依次单击"PLC_1[CPU 1214C DC/DC/DC]"→"程序块"选项，双击"添加新块"选项，选择"Cyclic interrupt"选项，将"循环时间（ms）"设定为"100"，然后单击"确定"按钮，如图 8-14 所示。该循环中断时间即为 PID 的采样时间。

在"指令"窗格的"工艺"→"PID 控制"→"Compact PID"中找到"PID_Compact"指令，将其拉入循环中断程序中，并进行参数配置，如图 8-15 所示。

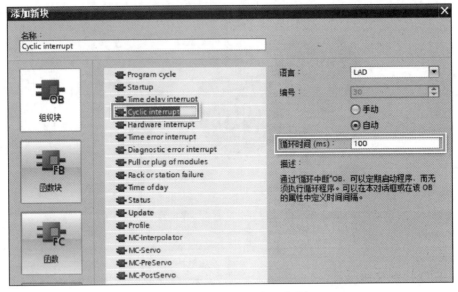

图 8-14　添加循环中断程序块

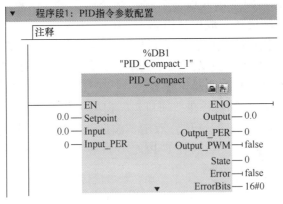

图 8-15　添加 PID 指令块

第五步：设定 PID 工艺对象的参数。在"项目树"窗格中依次单击"PLC_1 [CPU 1214C DC/DC/DC]"→"工艺对象"→"PID_Compact_1[DB1]"选项，这时会出现"组态"和"调试"两个功能选项，双击"组态"选项，如图 8-16 所示。

图 8-16 "工艺对象" PID_Compact_1[DB1] 窗口

选择"组态"功能，出现图 8-17 所示的组态菜单，包括基本设置、过程值设置及高级设置。表 8-4 为在组态设置过程中的每一步完成情况。

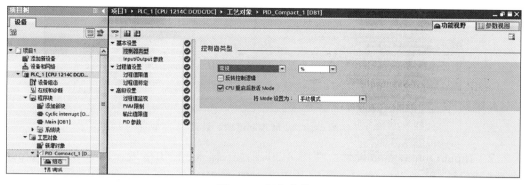

图 8-17 组态菜单

表 8-4 在组态设置过程中的每一步完成情况

蓝色 ✓	组态包含默认值且已完成；组态仅包含默认值；通过默认值即可使用工艺对象，无须进一步更改
绿色 ✓	组态包含用户定义的值已完成；组态的所有输入域均包含有效值，至少更改一个默认值
红色 ✗	组态不完整或有缺陷；至少在一个输入域或下拉列表框中不包含任何值或包含的值无效；相应域或下拉列表框的背景为红色；单击相应域或下拉列表框，弹出的错误消息会指出错误原因

（1）基本设置　基本设置分为两类，分别是控制器类型设置、Input/Output 参数设置。

1）控制器类型设置。控制器的类型用于预先选择需要控制值的单位。常见的控制器类型包括速度控制、压力控制、流量控制及温度控制等，如图 8-18 所示。默认的控制器类型是以百分比为单位的"常规"控制器。

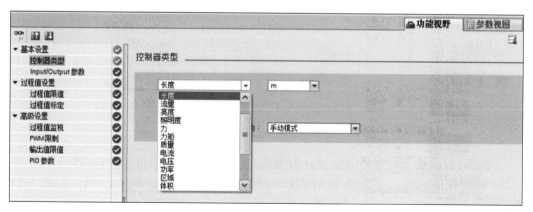

图 8-18 控制器的类型

如果受控值的增加会引起实际值的减小，如由于阀门开度增加而使水位下降，或者由于冷却性能增加而使温度降低，则选中"反转控制逻辑"复选框，如图 8-19 所示。"CPU 重启后激活 Mode"设置为"手动模式"，以确保系统的稳定运行。

图 8-19 "反转控制逻辑"设置

2）Input/Output 参数设置。在图 8-20 所示的输入 / 输出区域，即 "Input/Output 参数"区域，可为设定值、实际值及工艺对象 "PID_Compact" 的受控变量提供输入 / 输出参数。

Setpoint：PID 的设定值。

输入值可以选择 Input 或 Input_PER（模拟量）：Input 表示使用从用户程序而来的反馈值，如 0 ～ 100% 或 0 ～ 1m 等；Input_PER（模拟量）表示使用外设输入值，如 0 ～ 27648。

输出值可以选择 Output_PER（模拟量）、Output、Output_PWM：Output 表示输出至用户程序，如 0 ～ 100%；Output_PER（模拟量）表示外设输出值，如 0 ～ 27648；Output_PWM 表示使用 PWM 输出。

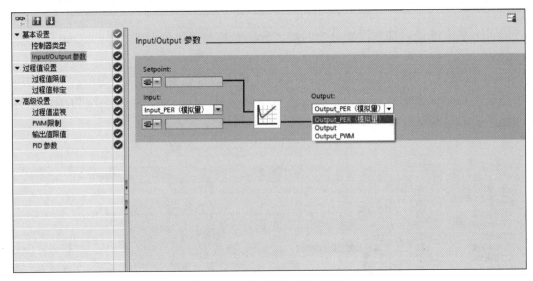

图 8-20　输入 / 输出参数的选择

（2）过程值设置　过程值设置分为两类，分别是过程值限值和过程值标定。

1）过程值限值：表示在进行 PID 调节过程中的上限值和下限值，如图 8-21 所示。

2）过程值标定：表示被控对象与模拟量之间的对应关系，如图 8-22 所示。

其中，标定的过程值上限值和上限为一组，标定的过程值下限值和下限为一组，根据传感器输入的电压信号或电流信号进行实际设置。上限和下限是用户设置的高、低限值，当反馈值达到高限值或低限值时，系统将停止 PID 的输出。

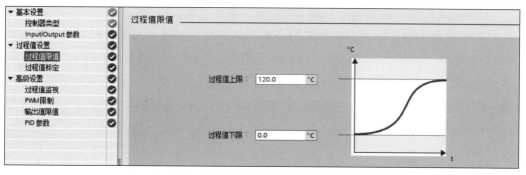

图 8-21　过程值限值

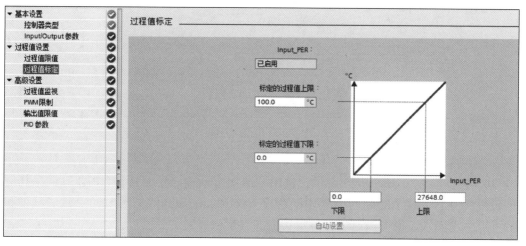

图 8-22　过程值标定

（3）高级设置　高级设置有 4 项内容，分别是过程值监视、PWM 限制、输出值限值和 PID 参数。

1）过程值监视：用来设置警告的上 / 下限值。如果在运行期间过程值高于警告的上限值，则输出 Input Warning_H ；如果过程值低于警告的下限值，则输出 Input Warning_L，如图 8-23 所示。

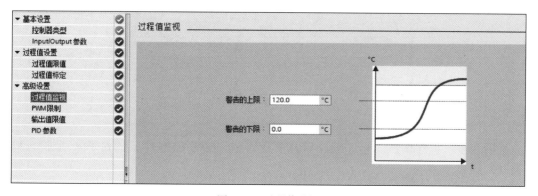

图 8-23　过程值监视

2）PWM 限制：用来输出 PWM 的接通和断开时间。

3）输出值限值：以百分比形式组态输出值的绝对限值，无论是在手动模式下还是在自动模式下，都不会超过输出值的绝对限值，如图 8-24 所示。

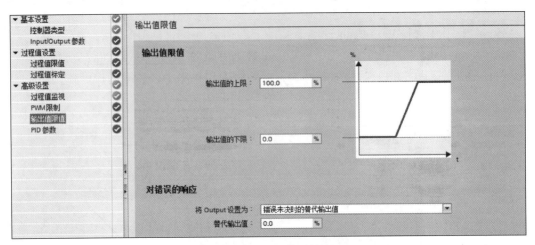

图 8-24　输出值限值

4）PID 参数：如图 8-25 所示，选中"启用手动输入"复选框，PID 算法采样时间设置为 0.1s，这个时间与循环中断程序 Cyclic interrupt 的循环时间一致。其他参数可以手动输入，也可以通过自整定功能实现参数设定。

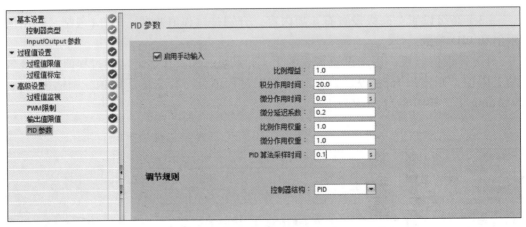

图 8-25　PID 参数

第六步：程序调试。程序编译后，下载到 S7-1200 CPU 中，通过 PLC 监控表监控调试结果。

四、工作任务

任务名称	任务 8-1：模拟量的输入转换	
小组成员	组长：　　　　　　　　　　　　成员：	
任务环境	**主要设备 / 材料** 1）SCE-IAI02 工业自动化仪器仪表实训装置 2）实训装置温度控制模块 3）实训装置 PLC 模块 4）实训装置 2# 连接导线	**主要工具** 1）铅笔（2B） 2）直尺（300mm） 3）绘图橡皮 4）计算机
参考资料	教材、任务单、PLC 1200 技术手册，温度变送器接线图	
任务要求	1）绘制接线图，制订接线工作方案 2）完成 S7-1200 PLC 与温度变送器的接线 3）检查接线结果是否达标并进行改进 4）完成程序设计，并进行程序的调试及优化 5）记录工作过程，进行学习总结和学习反思 6）规范操作，确保工作安全和设备安全 7）注重团队合作，组内协助进行作业任务 8）保持工作环境整洁	
工作过程	1）小组讨论，确定人员分工，小组协作完成工作任务 2）查阅资料，小组讨论，确定工作方案，绘制模块接线图，设计 PLC 程序 3）断开电源模块各送电开关，按规范使用不同颜色的 2# 连接线将 PLC 电源、L、M 等输入 / 输出公共端接入电源模块 4）完成 S7-1200 PLC 与温度变送器的接线，并检查接线是否正确美观 5）合闸送电，观察 PLC 运行指示灯是否正常，如有故障应停电检修线路 6）在 Portal 软件中完成硬件组态、输入模拟量信号的采集与处理程序 7）运行程序，查看是否能准确显示实际温度 8）按检查表，检查接线及调试结果是否达标 9）小组讨论，总结学习成果，反思学习不足 10）工作结束，整理保存相关资料 11）清理工位，复原设备模块，清扫工作场地	
注意事项	1）文明作业，爱护实训设备 2）规范操作，重视操作安全 3）合作学习，注重团队协作 4）及时整理，保持环境整洁 5）总结反思，持续改进提升	

任务名称	任务 8-2：恒温烘干系统的 PID 控制	
小组成员	组长：　　　　　　　　　成员：	
任务环境	主要设备 / 材料	主要工具
	1）SCE-IAI02 工业自动化仪器仪表实训装置 2）实训装置温度控制模块 3）实训装置 PLC 模块 4）实训装置 2# 连接导线	1）铅笔（2B） 2）直尺（300mm） 3）绘图橡皮 4）计算机
参考资料	教材、任务单、PLC 1200 技术手册、SCE-IAI02 工业自动化仪器仪表实训装置使用手册	
任务要求	1）按任务需求制订工作方案 2）按照工作方案完成硬件接线 3）在 Portal 软件中完成硬件组态及程序设计，实现 PID 参数的自整定，并上传参数 4）调试程序，根据运行结果调整方案，进一步优化程序 5）规范操作，确保工作安全和设备安全 6）完成评价，记录工作过程，进行学习总结和学习反思 7）注重团队合作，组内协助工作 8）保持工作环境整洁，形成良好的工作习惯	
工作过程	1）小组讨论，确定人员分工，小组协作完成工作任务 2）查阅资料，小组讨论，确定工作方案，绘制接线图，设计 PLC 程序 3）断开电源模块各送电开关，按规范使用不同颜色导线完成接线，核对接线是否正确，并整理线路，确保线路足够整齐、美观 4）合闸送电，观察 PLC 运行指示灯是否正常，如有故障应停电检修线路 5）在 Portal 软件中完成硬件组态，在循环中断程序块中添加 PID 指令块，并完成 PID 工艺对象参数的设定 6）下载程序，在预调节模式下完成 PID 参数的自整定，并上传 PID 参数 7）编写恒温烘干系统的设计程序，下载程序，查看是否能实现控制要求 8）按学习结果检查表及控制要求，检查接线及程序调试结果是否达标 9）结合控制要求进一步完善方案，优化程序 10）小组讨论，总结学习成果，反思学习不足 11）工作结束，整理保存相关资料 12）清理工位，复原设备模块，清扫工作场地	
注意事项	1）规范操作，确保人身安全和设备安全 2）仔细核对，杜绝因电源接入错误造成的不可逆转的严重后果 3）合作学习，注重团队协作，分工配合共同完成工作任务 4）分色接线，便于查故检修，降低误接事故概率 5）及时整理，保持环境整洁，保证实训设备持续稳定使用	

“可编程控制技术”课程学习结果检测表

任务名称	任务 8-1：模拟量的输入转换	
	检测内容	是否达标
材料准备	实训装置整机完好，供电正常	
	实训装置 PLC 模块、电源模块、温度控制模块外观完好无损伤	
	实训装置 2# 连接线红、黑、蓝、绿各 15 根，外观完好，无机械损伤	
项目设计	接线前进行小组讨论，制订详细的工作方案	
	根据任务要求制定出正确的 PLC 的 I/O 分配表	
	根据任务要求画出 I/O 硬件接线图	
	根据任务要求设计出 PLC 控制程序	
	PLC 模块的“+”端和“–”端分别接入电源模块的“24V”端和“0V”端	
	SM 1234 的 L+ 端子接 DC 24V 的正极	
	SM 1234 的 M 端子接 DC 24V 的负极	
	温度变送器的“V+”端接模拟量输入通道的“0+”	
	温度变送器的“V–”端接 DC 24V 的负极	
	所有接入“24V”端的线均选用红色线	
	所有接入“0V”端的线均选用黑色线	
	设备组态下载完，PLC 运行指示灯为绿色	
软件操作	PC 和 PLC 的 IP 地址在同一网段	
	组态中的 CPU、信号板、模拟量扩展模块的型号和订货号选择正确	
	组态无故障，能完整下载至 PLC，并建立网络连接	
	程序无编译错误提示	
	梯形图表达正确，画法规范，指令正确	
结果调试	打开状态监控，能看到显示的实际温度	
	进行加热后，实际温度跟随变化	

"可编程控制技术"课程学习结果检测表

任务名称	任务 8-2：恒温烘干系统的 PID 控制	
	检测内容	是否达标
项目设计	接线前进行小组讨论，制订详细的工作方案	
	根据任务要求制定出正确的 PLC 的 I/O 分配表	
	根据任务要求画出 I/O 硬件接线图	
	根据任务要求设计出 PLC 控制程序	
	PLC 模块的"+"端和"−"端分别接入电源模块的"24V"端和"0V"端	
	SM 1234 的 L+ 端子接 DC 24V 的正极	
	SM 1234 的 M 端子接 DC 24V 的负极	
	温度变送器的"V+"端接模拟量输入通道的"0+"	
	温度变送器的"V−"端接 DC 24V 的负极	
	分配输入地址，并与 PLC 数字输入端正确连接	
	分配输出地址，并与 PLC 数字输出端正确连接	
	设备组态下载完，PLC 运行指示灯为绿色	
软件操作	PC 和 PLC 的 IP 地址在同一网段	
	组态中的 CPU、信号板、模拟量扩展模块的型号和订货号选择正确	
	组态无故障，能完整下载至 PLC，并建立网络连接	
	程序无编译错误提示，梯形图表达正确，画法规范，指令正确	
结果调试	选择开关打到手动模式时，加热器以 30% 的脉冲进行加热	
	选择开关打到自动模式时，按下起动按钮，恒温烘干系统的温度保持为 60℃	
	温度低于下限 50℃时，报警指示灯 1 以 1Hz 的频率闪烁	
	温度高于上限 70℃时，报警指示灯 2 以 1Hz 的频率闪烁	
	按下停止按钮，加热器停止，报警指示灯熄灭	

"可编程控制技术"课程学习学生工作记录页			
任务名称	任务 8-1：模拟量的输入转换		
组别	工位		姓名
第　　组			

工作过程	1.资讯（知识点积累、资料准备）			
	2.计划（制订计划）			
	3.决策（分析并确定工作方案）			
	4.实施			
	5.检测			
	结果观察			
	缺陷与改进	序号	故障现象	原因分析	是否解决
		1			
		2			
	6.评价			
	小组自评	完成情况	□优秀　　□良好　□合格　□不合格	
		效果评价	□非常满意　□满意　□一般　□需改进	
	教师评价	评语		
		综评等级	□优秀　　□良好　□合格　□不合格	

总结反思	

"可编程控制技术"课程学习学生工作记录页			
任务名称	任务 8-2：恒温烘干系统的 PID 控制		
组别	工位		姓名
第 组			

工作过程	1.资讯（知识点积累、资料准备）			
	2.计划（制订计划）			
	3.决策（分析并确定工作方案）			
	4.实施			
	5.检测			
	结果观察			
	缺陷与改进	序号	故障现象	原因分析	是否解决
		1			
		2			
	6.评价			
	小组自评	完成情况　□优秀　□良好　□合格　□不合格		
		效果评价　□非常满意　□满意　□一般　□需改进		
	教师评价	评语		
		综评等级　□优秀　□良好　□合格　□不合格		
总结反思				

项目小结

本项目主要介绍了模拟量及 PID 控制器的概念，并以西门子 S7-1200 PLC 为例，介绍了模拟量模块的组态及地址分配、PID_Compact 指令的功能，以及 PID 工艺对象的参数设定。

本项目还以恒温烘干系统的设计为工作载体，介绍了温度变送器的接线、循环中断程序块的添加、PID 自动控制程序设计的实施步骤以及 PID 参数的自整定方法。

通过本项目的学习，我们不仅可以实现模拟量信号的采集与处理，还可以实现 PID 自动调节控制系统的程序设计。

 习题检测

1. 选择题

1-1 用于将传感器提供的电量或非电量转换成标准的直流电流或电压信号的设备是（　　　）。

A. 数字量输入模块　　　　　　　　B. 模拟量输入模块

C. 模拟量输出模块　　　　　　　　D. 变送器

1-2 模拟量输出模块的输出类型有（　　　）种。

A. 1　　　　　　B. 2　　　　　　C. 3　　　　　　D. 4

1-3 PID 控制器的 P 参数越大，比例作用越强，动态响应越（　　　），消除误差的能力越（　　　）。

A. 快，弱　　　　B. 快，强　　　　C. 慢，弱　　　　D. 慢，强

1-4 PID 控制器的积分时间常数 TI 增大时，积分作用（　　　），系统的动态性能可能有所改善，消除误差的速度（　　　）。

A. 增强，减慢　　B. 增强，加快　　C. 减弱，减慢　　D. 减弱，加快

1-5 PID 控制器的微分时间常数增大时，超调量（　　　），系统的动态性能得到改善，抑制高频干扰的能力（　　　）。

A. 增加，增强　　B. 增加，下降　　C. 减小，增强　　D. 减小，下降

1-6 控制器引入（　　　）可以消除稳态误差。

A. 比例（P）控制　　　　　　　　B. 积分（I）控制

C. 微分（D）控制

1-7 （　　　）提供了一种集成了调节功能的通用 PID 控制器。

A. PID_Compact 指令　　　　　　B. PID_3Step 指令

C. PID_Temp 指令

2. 填空题

2-1 模拟量信号分为_____、_____。

2-2 S7-1200 PLC 的常用模拟量信号模块为_____、_____、_____等。

2-3 S7-1200 PLC 第 6 号槽的模拟量输入模块的起始地址为_____。

2-4 标准的模拟量信号经 S7-1200 模拟量输入模块转换后，其数据范围为_____。

2-5 PID 控制器是由_____、_____及_____单元组成的。

2-6 比例控制器输出与输入的误差信号成_____关系。

2-7 在控制回路中，PID 控制器可以连续采集受控变量的实际测量值，并将其与_____进行比较。

2-8 _____可用于以周期性时间间隔启动程序，而与循环程序的执行情况无关。

3. 计算题

频率变送器的输入量程为 45 ～ 55Hz，输出信号为直流 0 ～ 20mA，模拟量输入模块的额定输入电流为 0 ～ 20mA，设转换后的数字为 N，试求以 0.01 Hz 为单位的频率值。

4. 设计题

4-1 用电位器调节模拟量的输入实现对指示灯的控制，要求输入电压小于 3V 时，指示灯以 1s 的周期闪烁；若输入电压大于或等于 3V 而又小于或等于 8V，指示灯常亮；若输入电压大于 8V，则指示灯以 0.5s 周期闪烁。

4-2 用电位器调节模拟量的输入实现 8 盏灯的流水速度控制，0 ～ 10V 对应速度为 0.5 ～ 1s。

项目 9

行走机械手系统控制程序的编写与调试

一、学习目标

1. 分析行走机械手控制系统的功能需求，规划硬件需求。

2. 运用轴工艺指令、高速计数器指令编写程序。

3. 能够正确组态轴的工艺并调试。

4. 会对步进电动机在运动控制中进行调试与故障排除。

5. 编写行走机械手控制系统梯形图程序，进行调试，验证运行结果，并展示现象。

6. 重视操作安全，注重团队协作。

7. 主动总结反思，持续改进提升，加深热爱科学、积极创新的精神。

二、项目描述

行走机械手搬运单元由行走机械手、步进电动机、限位传感器、立体仓库、升降气缸等组成，可完成工件在多个单元之间的搬运工作及入库工作。行走机械手搬运单元的结构如图 9-1 所示。

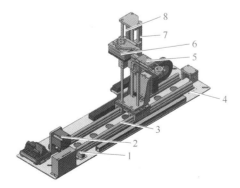

图 9-1　行走机械手搬运单元的结构

1—行走机械手限位接近开关（C–SQ2）　2—步进电动机（C–M1）　3—光杠
4—行走机械手电动机原点传感器（C–SQ1）　5—夹手气缸（C–YV4）　6—旋转气缸（C–YV1）
7—升降气缸大（C–YV2）　8—升降气缸小（C –YV3）

本项目通过行走机械手搬运单元实现将一个物件由一个固定位置搬运到任意位置的任务，具体要求如下：

1）上电后，按复位按钮，系统复位，平台回原点，气缸上升到上限位，机械手打开。

2）手动在平台的固定位置放一物件，按下起动按钮后，步进电动机前进到物体位置，气缸下降，下降到下限位，机械手抓取物体，2s后气缸上升，上升到上限位停止。步进电动机带动平台移到指定位置后，气缸下降，机械手将物件放入仓库指定位置，2s后气缸上升，上升到上限位停止，平台回原点。

3）按前进/后退按钮可实现平台的点动功能。

三、相关知识和关键技术

3.1 相关知识

3.1.1 高速脉冲输出信号

1.脉冲宽度调制（PWM）发生器

S7-1200 PLC 有 4 个 PTO/PWM 发生器，脉冲列输出（PTO）发生器提供占空比为 50% 的方波脉冲列输出信号，脉冲宽度调制（PWM）发生器提供连续的、脉冲宽度可以用程序控制的脉冲列输出信号。4 个 PTO/PWM 发生器可以通过 CPU 集成的 Q0.0 ～ Q0.7 或信号板的 Q4.0 ～ Q4.3 输出信号。

在设备组态窗口中选中 CPU，选择"属性"窗口中的"脉冲发生器（PTO/PWM）"，勾选"启用该脉冲发生器"复选框，在"参数分配"栏中可以选择 PTO 输出或 PWM 输出。如果是 PWM 输出，则可以选择时基为"毫秒"或"微秒"，脉宽格式为"百分之一""千分之一""万分之一"或"S7 模拟量"，可设置循环时间及初始脉冲宽度。如果是 PTO 输出，则"参数分配"栏中采用系统默认值。"硬件输出"栏中采用系统默认值，如图 9-2 所示。脉冲输出地址如图 9-3 所示，其地址可以修改，并且在运行时可以用地址来修改宽度。

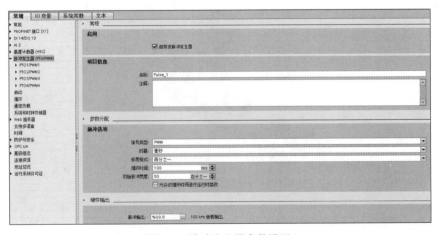

图 9-2　脉冲发生器参数设置

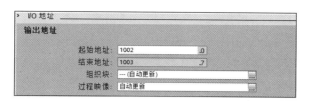

图 9-3　脉冲输出地址

2. 高速计数器指令

普通计数器指令由于受扫描周期的影响，计数频率小于扫描频率的二分之一，要实现高频计数，必须采用高速计数器指令。S7-1200 PLC 最多集成 6 个高速计数器 HSC1 ～ HSC6。高速计数器有 4 种工作模式：内部方向控制的单相计数器、外部方向控制的单相计数器、两路脉冲输入的双相计数器和 AB 相正交计数器。

高速计数器描述及输入点地址见表 9-1，HSC1 ～ HSC6 实际计数值的类型为 DInt，对应的默认地址分别为 ID1000 ～ ID1020。

表 9-1　高速计数器描述及输入点地址

	描述	默认的输入点地址			功能
HSC	HSC1	I0.0 或 I4.0 监控 PTO0 脉冲	I0.1 或 I4.1 监控 PTO0 方向	I0.3	—
	HSC2	I0.2 监控 PTO1 脉冲	I0.3 监控 PTO1 方向	I0.1	—
	HSC3	I0.4	I0.5	I0.7	—
	HSC4	I0.6	I0.7	I0.5	—
	HSC5	I1.0 或 I4.0	I1.1 或 I4.1	I1.2	—
	HSC6	I1.3	I4.1	I1.5	—
工作模式	内部方向控制的单相计数器	计数脉冲	—	计数复位	计数或测频
	外部方向控制的单相计数器	计数脉冲	方向	计数复位	计数或测频
	两路脉冲输入的双相计数器	加计数脉冲	减计数脉冲	计数复位	计数或测频
	AB 相正交计数器	A 相脉冲	B 相脉冲	Z 相脉冲	计数或测频
	监控 PTO	计数脉冲	方向	—	计数

3. 高速计数器的组态

1）打开设备组态窗口，在 CPU 的属性窗口中选择某一高速计数器，如 "HSC1"。

2）在 "常规" 栏中，勾选 "启用该高速计数器" 复选框，如图 9-4 所示。

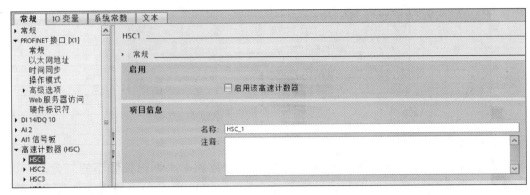

图 9-4　选择并启用该高速计数器

3）在"功能"栏中，可以设置计数类型为"计数""频率"或"轴"，如图 9-5 所示。

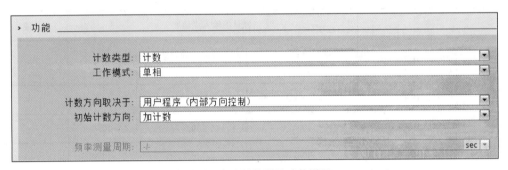

图 9-5　高速计数器的功能设置

4）在"初始值"区中，可以设置初始计数器值和初始参考值，如图 9-6 所示。

图 9-6　高速计数器的初始值选项

5）在"事件组态"栏中，可以启用"为计数器值等于参考值这一事件生成中断""为同步事件生成中断""为方向变化事件生成中断"，如图 9-7 所示。

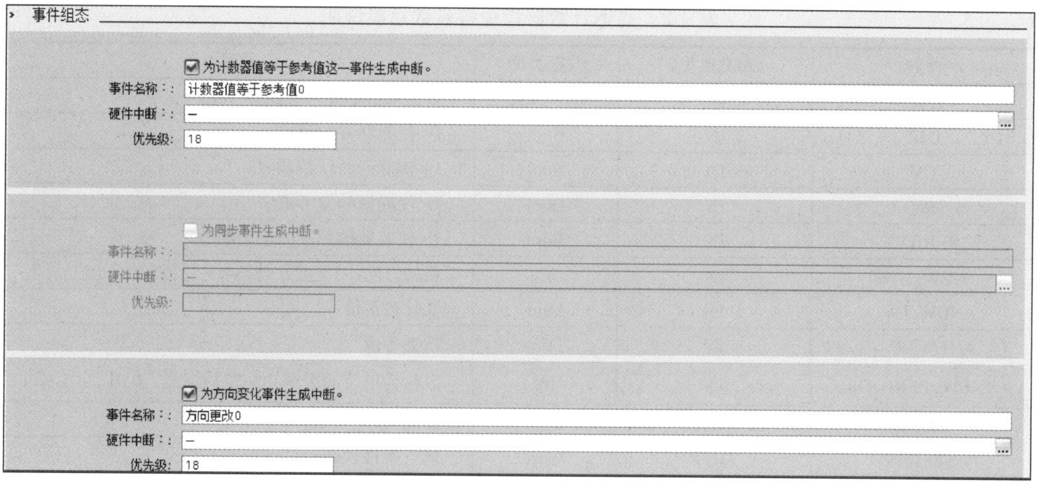

图 9-7　事件组态

6）设定输入起始地址，系统提供的默认值如图 9-8 所示。

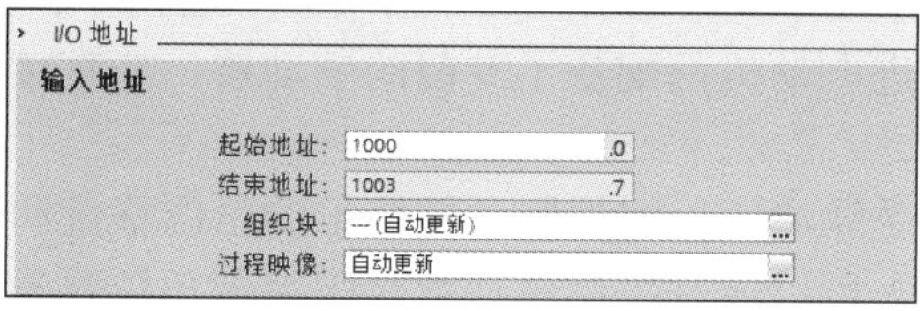

图 9-8　输入地址

4. 高速计数器指令的符号及其参数

高速计数器指令的符号如图 9-9 所示，必须先在 PLC 设备配置中组态高速计数器，然后才能在程序中使用高速计数器。设置 HSC 设备包括选择计数模式、输入 / 输出连接、中断分配，以及是作为高速计数器还是作为设备来测量脉冲频率。无论是否采用程序控制，均可操作高速计数器，高速计数器指令各参数功能说明见表 9-2。

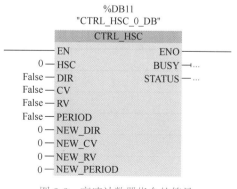

图 9-9　高速计数器指令的符号

表 9-2　高速计数器指令各参数功能说明

参数	参数类型	数据类型	说明
HSC	IN	HW_HSC	高速计数器硬件标识符
DIR	IN	Bool	1= 使能新方向请求
CV	IN	Bool	1= 使能新的计数器值
RV	IN	Bool	1= 使能新的参考值
PERIOD	IN	Bool	1= 使能新的频率测量周期值
NEW_DIR	IN	Int	新的方向：1= 正方向，−1= 反方向
NEW_CV	IN	DInt	新计数器值
NEW_RV	IN	DInt	新参考值
NEW_PERIOD	IN	Int	以秒为单位的新频率测量周期值：0.01、0.1 或 1
BUSY	OUT	Bool	功能忙
STATUS	OUT	Word	执行条件代码

3.1.2　步进电动机及其驱动

　　步进电动机是将电脉冲信号转换为角位移的执行机构。当步进驱动器接收到一个脉冲信号时，就驱动步进电动机按设定的方向转动一个固定的角度（步距角）。根据步进电动机的工作原理，步进电动机工作需要有一定相序、较大电流的脉冲信号，生产装备中使用的步进电动机都配备了专门的驱动器，来直接驱动与控制步进电动机工作。

　　步进电动机工作受脉冲信号的控制，其转子的角位移量和转速与输入脉冲的数量和脉冲频率成正比，可以通过控制脉冲数量来控制角位移量，从而达到准确定位的目的。步进电动机的运行特性还与其线圈的相数和通电运行方式有关。

　　步进电动机的运行特性不仅与步进电动机本身和负载有关，而且与配套使用的驱动器有着十分密切的关系。现在使用的绝大部分步进电动机驱动器由硬件环形脉冲分配器与功率放大器构成，可实现脉冲分配和功率放大两个功能。步进电动机驱动器上还设置了多种功能选择开关，用于实现具体工程应用项目中驱动器步距角的细分选择和驱动电流大小的设置。

　　本项目中，步进电动机使用齿形带拖动行走机械手在光杠上运动，并使用步进电动机的位置控制功能实现对各个坐标的定位控制。

　　1）步进电动机参数见表 9-3。

表 9-3　步进电动机参数

相数	2
步距角（°）	1.8
静态相电流 /A	2.4
保持转矩 /N·m	1
定位转矩 /N·m	0.04
空载起动频率 /kHz	2.5
转动惯量 /g·cm^2	200

2）步进电动机驱动器参数见表 9-4。

表 9-4　步进电动机驱动器参数

供电电源	DC 10～40V，容量为 0.03kVA
输出电流	峰值 3A/ 相（最大），电流可由面板拨码开关设定
驱动方式	恒流 PWM 驱动
励磁方式	整步、半步、4 细分、8 细分、16 细分、32 细分、64 细分、128 细分
绝缘电阻	在常温常压下大于 100MΩ

3）步进电动机驱动器典型接线如图 9-10 所示。

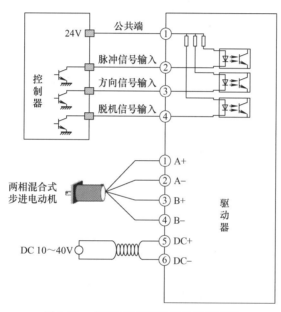

图 9-10　步进电动机驱动器典型接线图

4）步进电动机及驱动器的使用方法。在使用步进电动机时，应注意步进电动机电流和细分的设置。图 9-10 中的步进电动机典型接线图公共端对应的是 24V，实际系统的公共端接 0V 的驱动器。

3.1.3　轴的组态

下面以本项目中的步进电动机为例，介绍运动控制中轴的组态方法。假设：硬件上限位地址为 I0.0，硬件下限位地址为 I0.1，原点地址为 I0.2。步进电动机每转 1 圈需要 4000 个脉冲信号，对应轴的移动距离为 5mm。

1. PTO 配置

S7-1200 PLC 通过板载或信号板上的输出点，可以输出占空比为 50% 的 PTO 信号，其组态步骤如下：

在项目树中选择"设备组态"→"属性"选项，在"常规"属性中使能脉冲输出，如图 9-11 所示。

选择信号类型为 PTO，如果没有扩展信号板，那么只能选择集成 CPU 输出；如果扩展了信号板，那么可以选择信号板输出或集成 CPU 输出，一旦选择，默认的硬件输出点就确定了。硬件标识符默认值为 265，参数分配与硬件输出设置如图 9-12 所示。

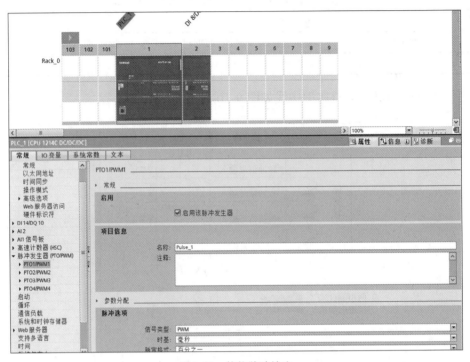

图 9-11　使能脉冲输出

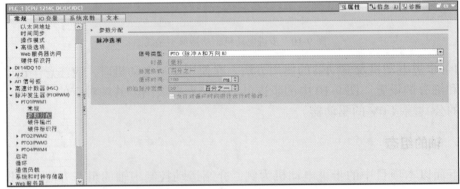

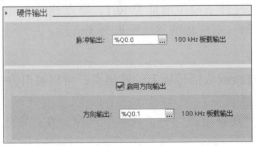

图 9-12　参数分配与硬件输出设置

2. 工艺对象轴

（1）添加工艺对象　在进行运动控制硬件组态时，首先要添加工艺对象。在项目树中选择"工艺对象"→"新增对象"选项，并定义轴的名称和编号，如图 9-13 所示。

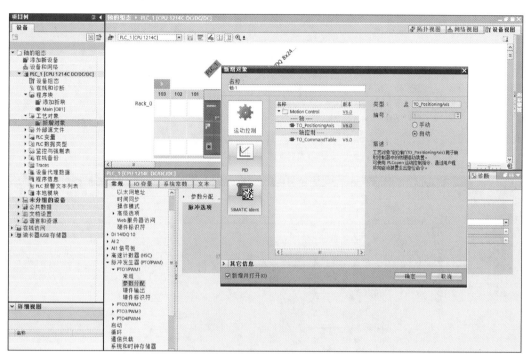

图 9-13　新增轴对象

（2）基本参数组态　在完成轴对象的添加后，可以在项目树中看到添加的工艺对象，双击"组态"进行参数组态，轴的名称为轴 -1，硬件接口中脉冲发生器的输出可以选择集成 CPU 输出或信号板输出。当选择集成 CPU 输出时，如果脉冲发生器为 Pulse_1，则对应的脉冲输出和方向输出端子分别为 Q0.0、Q0.1；位置单位可以选择 mm（毫米）、m（米）、in（英寸）、ft（英尺）或 pulse（脉冲数），本项目中选择 mm，如图 9-14 所示。

（3）基本参数中的驱动器　驱动器主要用于选择 PLC 与驱动器的交互信号，"使能输出"为 PLC 发送给驱动器的信号，"就绪输入"为驱动器准备好发送给 PLC 的信号。选择"使能输出"，设置使能驱动器的输出点。选择"就绪输入"，当驱动设备正常时会给一个开关量输出，此信号可接入 CPU 中，告知运动控制器驱动器正常，如果驱动器不提供这种接口，则此项设置为 TRUE，如图 9-15a 所示。

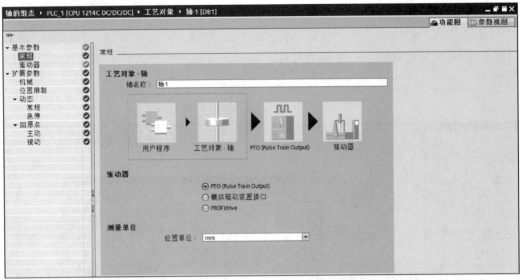

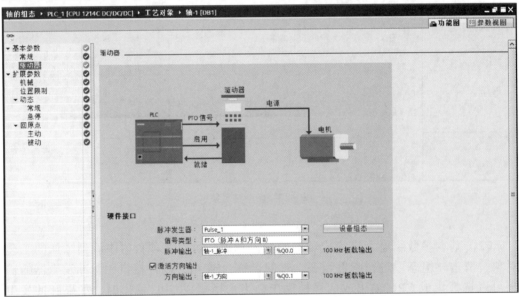

图 9-14　轴的基本参数

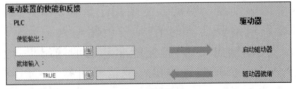

a) 设置驱动器信号

图 9-15　设置驱动器信号及机械参数

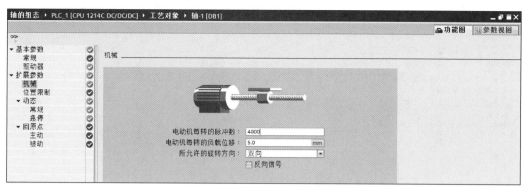

b) 机械参数

图 9-15　设置驱动器信号及机械参数（续）

（4）扩展参数

1）扩展参数中的机械参数：设置电动机每转的脉冲数及电动机每转的负载位移，如图 9-15b 所示。

2）扩展参数中的位置限制参数：一旦激活启用硬限位开关，就可以设置硬件下限位开关输入点和硬件上限位开关输入点，限位点的有效电平可以设置为高电平有效或低电平有效；软限位开关的极限位置可以通过程序或组态定义，如图 9-16 所示。

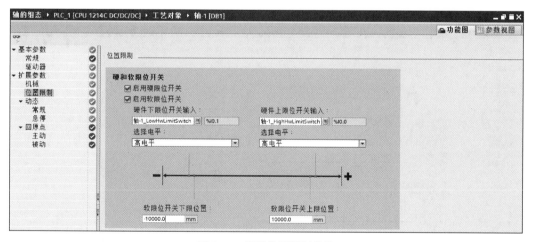

图 9-16　设置位置限制参数

（5）动态参数

1）常规动态参数：速度限值的单位可以选择转 / 分钟、脉冲 / 秒或毫米 / 秒；最大转速定义系统运行的最大转速；启动 / 停止速度定义系统运行的启动 / 停止速度及加速度和减速度（或加速时间、减速时间），如图 9-17 所示。

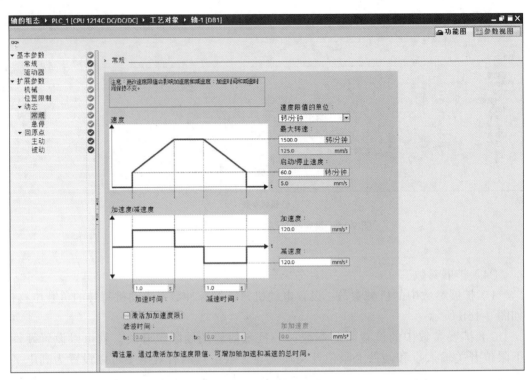

图 9-17　设置常规动态参数

2）急停动态参数：急停减速时间定义为从最大转速急停减速到启动 / 停止速度所需要的时间，如图 9-18 所示。

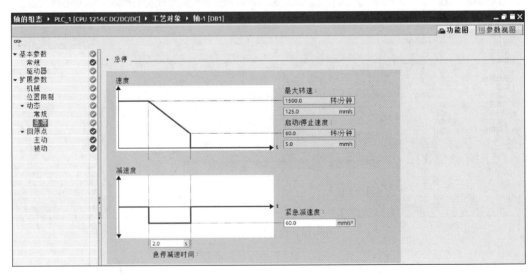

图 9-18　设置急停动态参数

（6）回原点参数

1）主动回原点是指运动机构通过执行主动搜索命令到原点开关后停在原点开关附近，并将该位置作为参考原点，其参数设置包括输入原点开关、选择电平，如果是高电平有效，则原点开关以常开方式接入 PLC，如图 9-19 所示。使能允许硬限位开关处自动反转，在激活该功能后，若轴在碰到参考点之前碰到了限位点，则系统认为参考点在反方向，会按组态好的斜坡减速曲线停车并反转；若该功能没有被激活，并且轴到限位点，则回原点的过程会被取消，并紧急停止。逼近/回原点方向指选择主动回原点时轴首先向哪个方向运动。参考点开关一侧指回原点结束后，行程位置与原点开关的相对位置，上侧指行程位置刚离开原点的位置，下侧指行程位置刚碰到原点的位置。

2）逼近速度是指刚开始回原点的速度，这个速度一直保持到碰到原点开关位置；参考速度是指碰到原点开关后的速度，这个速度一直保持到回原点过程结束。**注意：** 一般情况下，回原点速度小于逼近速度，小于最大速度，如图9-19所示。

3）起始位置偏移量用来设置实际原点位置与希望原点位置的差值，有时因为机械安装位置冲突的问题，希望原点位置无法安装原点行程开关，只能在其他位置安装原点行程开关，导致产生起始位置偏移量；参考点位置是指系统保持参考点位置值的变量名称，如图9-19所示。

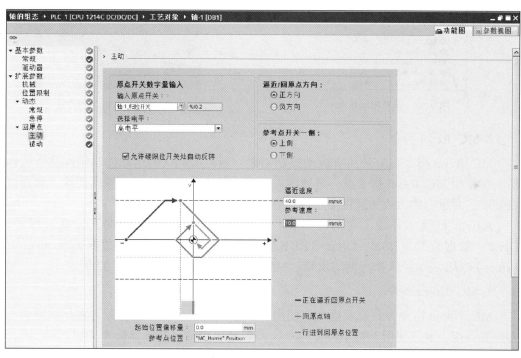

图9-19 回原点设置

3.1.4 轴的运动控制指令

运动控制指令使用相关工艺数据和CPU的专用PTO来控制轴的运动，通过指令库中的工艺指令可以获得运动控制指令，如图9-20所示。

1. MC_Power指令

MC_Power指令用于启动/禁用轴。轴在运动之前必须先使能，当Enable为低电平时，轴将按照StopMode定义时的组态模式终止所有已激活的命令，同时停止。

StopMode 为 0，紧急停止，按照组态好的急停曲线停止；StopMode 为 1，立即停止，输出脉冲立刻封锁；StopMode 为 2，带有加速度变化率控制的紧急停止。其各参数含义如下：

Axis：已组态好的工艺对象名称。Status：数据类型为 Bool，Status=0，禁用轴，轴不会执行运动控制命令，也不会接收任何新命令；Status=1，启用轴，准备就绪，可以执行运动控制命令。Error：数据类型为 Bool，当 MC_Power 指令或相关工艺对象发生错误时，Error 为 1，否则为 0。MC_Power 指令需要生成对应的背景数据块。MC_Power 指令的符号如图 9-21 所示。

图 9-20　运动控制指令

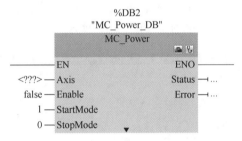

图 9-21　MC_Power 指令的符号

2. MC_Reset 指令

MC_Reset 指令可复位所有运动控制错误，所有可确认的运动控制错误都会被确认。在使用 MC_Reset 指令前，必须将需要确认的未决组态错误的原因消除（如通过将轴工艺对象中的无效加速度值更改为有效值）。其各参数含义如下：

Axis：已组态好的工艺对象名称。Execute：在出现上升沿时开始执行任务。Done：数据类型为 Bool，Done=TRUE 表示错误已确认。Error：数据类型为 Bool，Error=TRUE 表示任务执行期间出错。MC_Reset 指令的符号如图 9-22 所示。

3. MC_Home 指令

MC_Home 指令为回原点指令，使用 MC_Home 指令可将轴坐标与实际物理驱动器位置匹配。要想使用 MC_Home 指令，必须先启用轴。其各参数含义如下：

Execute：在出现上升沿时开始执行任务。Mode：回原点模式，数据类型为 Int，Mode 为 0，绝对式直接回原点，新的轴位置值为参数 Position 的值；Mode 为 1，相对式直接回原点，新的轴位置值为当前轴位置值加参数 Position 的值；Mode 为 2，被动回原点，根据轴组态回原点，回原点后参数 Position 的值被设置为新的轴位置值；Mode 为 3，主动回原点，按照轴组态进行参考点逼近，参数 Position 的值被设置为新的轴位置值。Position：数据类型为 Real，当 Mode 为 0、2 和 3 时，Position 为完成回原点操作后轴的绝对位置值；当 Mode=1 时，Position 为当前轴位置的校正值。其他参数的含义同上，MC_Home 指令的符号如图 9-23 所示。

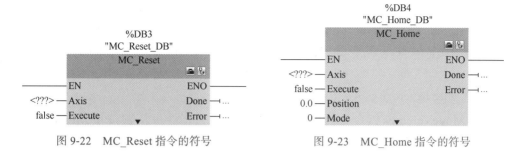

图 9-22　MC_Reset 指令的符号　　　　图 9-23　MC_Home 指令的符号

4. MC_Halt 指令

MC_Halt 指令为暂停轴指令，使用 MC_Halt 指令可停止所有运动并将轴切换到停止状态，停止位置未定义。要想使用 MC_Halt 指令，必须先启用轴。各参数含义同上，MC_Halt 指令的符号如图 9-24 所示。

5. MC_MoveAbsolute 指令

MC_MoveAbsolute 指令为绝对位移指令，使用 MC_MoveAbsolute 指令可启动轴到绝对位置的定位运动。要想使用 MC_MoveAbsolute 指令，必须先启用轴，同时必须使其回原点。其各参数含义如下：

Execute：在出现上升沿时开始执行任务。Position：数据类型为 Real，绝对目标位置（默认值为 0.0）。Velocity：轴的速度（默认值为 10.0），出于组态的加速度和减速度及要逼近的目标位置的原因，并不总是能达到此速度。启动 / 停止速度 ≤ Velocity ≤ 最大速度。其他参数同上，MC_MoveAbsolute 指令的符号如图 9-25 所示。

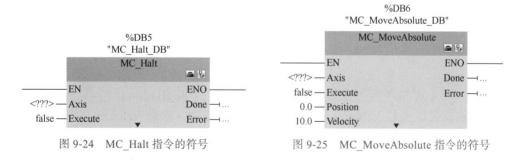

图 9-24　MC_Halt 指令的符号　　　　图 9-25　MC_MoveAbsolute 指令的符号

6. MC_MoveRelative 指令

MC_MoveRelative 指令为相对位移指令，该指令的执行不需要建立参考点，只需要定义运动距离、方向和速度。当上升沿使能 Execute 时，轴按照设定好的距离与速度运动，其方向由距离的符号决定，其各参数含义如下：

Distance：运动的相对距离。Velocity：用户定义的运动速度，出于组态的加速度和减速度及要行进距离的原因，实际运动速度并不总是能达到此速度，启动 / 停止速度 ≤ Velocity ≤ 最大速度。其他参数的含义同上，MC_MoveRelative 指令的符号如图 9-26 所示。

绝对位移指令与相对位移指令的主要区别在于：是否需要建立坐标系统，即是否需要参考点。绝对位移指令需要建立参考点，并根据坐标自动决定运动方向；相对位移指令不需要建立参考点，只需要设定当前点与目标点之间的距离，并由程序决定方向。

7. MC_MoveVelocity 指令

MC_MoveVelocity 指令为目标转速运动指令，该指令可使轴按预先设定的速度运行，运行速度由 Velocity 设定。其各参数含义如下：

Velocity：指定轴运动的速度（默认值为 10.0），启动 / 停止 ≤|Velocity|≤ 最大速度（允许 Velocity=0.0）。Current：数据类型为 Bool，当 Current 为 FALSE 时，禁用保持当前速度功能，使用参数 Velocity 和 Direction 的值（默认值）；当 Current 为 TRUE 时，激活保持当前速度功能，不考虑参数 Velocity 和 Direction 的值。MC_MoveVelocity 指令的符号如图 9-27 所示。

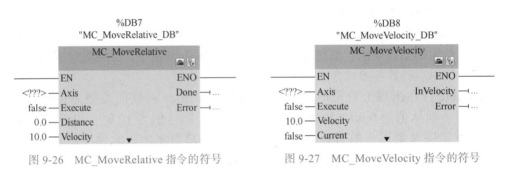

图 9-26　MC_MoveRelative 指令的符号　　　图 9-27　MC_MoveVelocity 指令的符号

8. MC_MoveJog 指令

MC_MoveJog 指令为点动指令，该指令可以指定的速度在点动模式下持续移动轴，通常用于测试和调试。要想使用 MC_MoveJog 指令，必须先启用轴。其各参数含义如下：

JogForward：只要此参数为 TRUE，轴就会以参数 Velocity 指定的速度沿正向移动，参数 Velocity 的符号被忽略（默认值为 FALSE）。JogBackward：只要此参数为 TRUE，轴就会以参数 Velocity 指定的速度沿负向移动，参数 Velocity 的符号被忽略（默认值为 FALSE）。Velocity：点动模式的预设速度（默认值为 10.0），启动 / 停止速度 ≤|Velocity|≤ 最大速度。MC_MoveJog 指令的符号如图 9-28 所示。

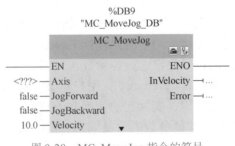

图 9-28　MC_MoveJog 指令的符号

3.1.5　轴的调试

TIA Portal V15 软件具有轴调试功能，可以使用轴控制面板进行调试。在项目树中选择"工艺对象"选项，选中已经定义的轴，再选择"调试"选项，调试界面初始状态如图 9-29a 所示，单击"激活"按钮，弹出"激活主控制"对话框，单击"是"按钮，如图 9-29 所示。

注意：使用调试功能，主程序中的轴使能指令，即 MC_Power 指令不能激活。

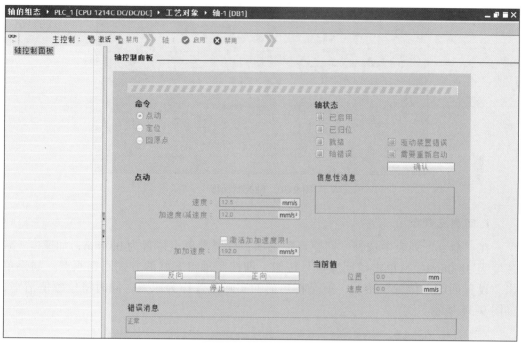

a) 调试界面初始状态

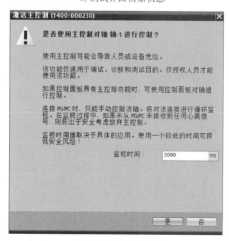

b) 激活主控制安全提示

图 9-29　轴调试

单击轴控制面板上的启动按钮，命令和轴状态信息都被激活，而不是灰色的，"命令"列表中有"点动""定位""回原点"3 个选项，如图 9-30 所示，轴控制面板上显示轴处于"已启用"和"就绪"状态，信息性消息显示"轴处于停止状态"，位置和速度的当前值都为 0.0。

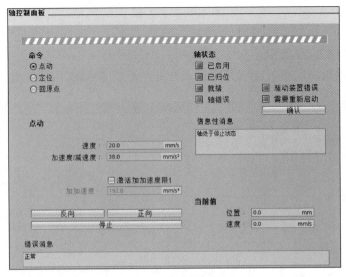

图 9-30　轴控制面板

1. 回原点命令

在"命令"列表中选择"回原点"选项，设置参考点位置为 0.0mm，加速度 / 减速度为 $38.0mm/s^2$，单击"回原点"按钮，即按照轴组态好的方式回到原点。如果单击"设置回原点位置"按钮，就是将当前的实际位置作为原点，同时将位置值清零，如图 9-31 所示。

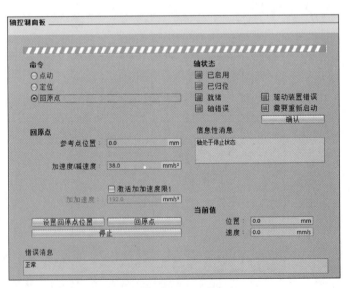

图 9-31　执行回原点命令

2. 点动命令

在"命令"列表中选择"点动"选项，并设定速度和加速度 / 减速度，就可以完成正向或反向点动，如图 9-32 所示。

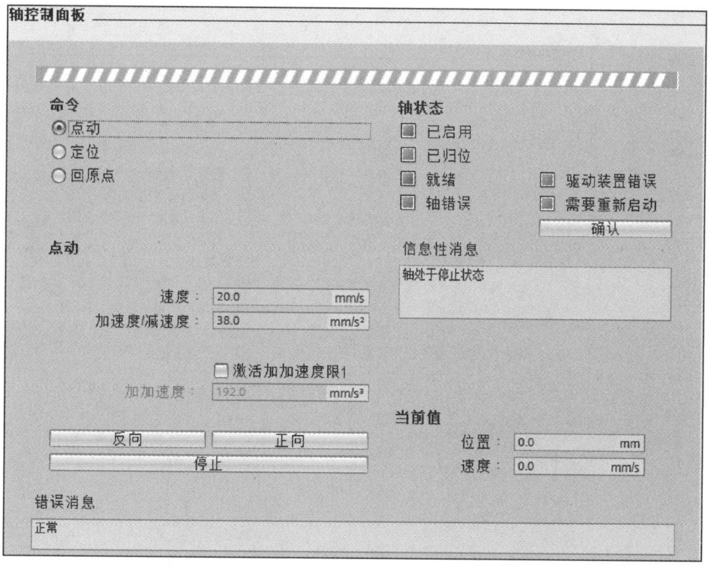

图 9-32　执行点动命令

3. 定位命令

调试中，定位命令用于相对位置移动，如图 9-33 所示，目标位置值为正，单击"相对"按钮，则轴按照指定的速度和加速度 / 减速度移动，目标位置值为偏移量，轴正向运行；目标位置值为负，轴反向运行。

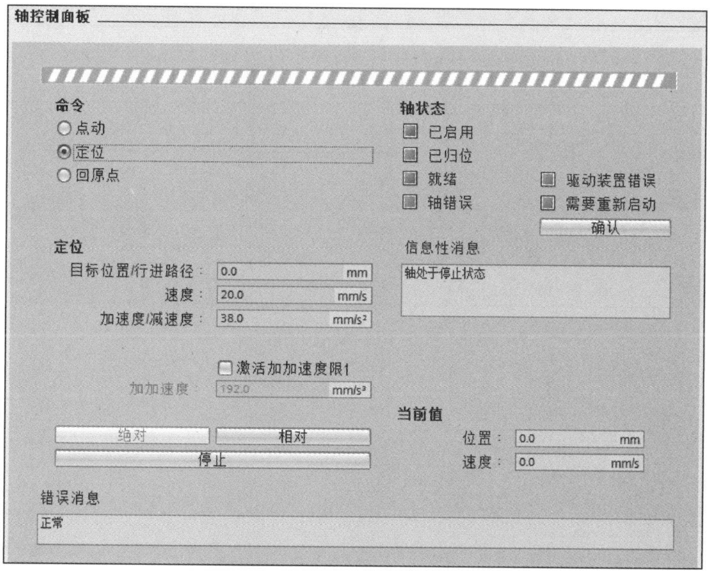

图 9-33　执行定位命令

3.1.6　轴的诊断

TIA Portal 软件除了具有轴的调试功能，还具有轴的诊断功能，状态和错误位设置如图 9-34 所示，运动状态设置如图 9-35 所示，动态设置如图 9-36 所示。

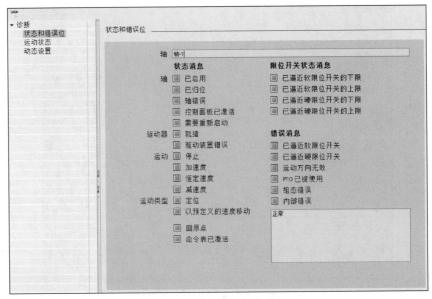

图 9-34　状态和错误位设置

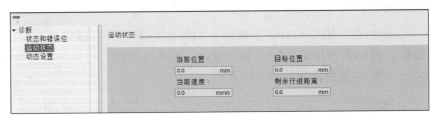

图 9-35　运动状态设置

图 9-36　动态设置

3.2　关键技术

3.2.1　轴组态

1. 系统存储器与脉冲输出使能

新建项目，在设备组态后，完成：①启用系统存储器，采用默认的系统存储器字节 MB1 ；②启用 PTO1/PWM1，默认的名称为 " Pulse_1"，信号类型为 PTO，默认的脉冲输出端为 Q0.0，方向输出端为 Q0.1 ；③启用 PTO2/PWM2，默认的名称为

"Pulse_2"，信号类型为 PTO，默认的脉冲输出端为 Q0.2，方向输出端为 Q0.3。

2. 步进电动机的轴组态

根据前述轴组态的方式新增步进电动机的工艺对象，并进行组态。①基本参数：轴名称为"步进"，脉冲发生器为"Pulse_1"，位置单位为"mm"。②扩展参数：驱动器信号中，"使能输出"未使用，电动机每转的脉冲数为"4000"，电动机每转的负载位移为"5.0mm"，启动硬限位开关和软限位开关，硬件下限位开关输入为"I0.1"，硬件上限位开关输入为"I0.0"，选择电平为"高电平"，软限位开关下限位置和软限位开关上限位置分别为"–120mm"和"120mm"。③动态参数：在常规动态参数中，速度限值的单位为"脉冲/秒"，最大转速为"100000 脉冲/秒"，启动/停止速度为"4000 脉冲/秒"，加速时间和减速时间均为"0.5s"；在急停动态参数中，最大转速为"100000 脉冲/秒"，启动/停止速度为"4000 脉冲/秒"，急停减速时间为"0.2s"。④回原点：原点位置为"I0.2"，选择电平为"高电平"，使能"允许硬限位开关处自动反转"，逼近/回原点方向为"负方向"，参考点开关一侧为"下侧"，逼近速度为"60mm/s"，回原点速度为"30mm/s"。

3.2.2　PLC 变量的定义

为了方便进行程序设计，这里根据设计要求和输入/输出地址分配，对一些位存储器变量进行了定义，PLC 变量的定义如图 9-37 所示。

步进硬件上限位开关	Bool	%I0.0
步进硬件下限位开关	Bool	%I0.1
步进原点开关	Bool	%I0.2
气缸上限位	Bool	%I0.6
气缸下限位	Bool	%I0.7
复位	Bool	%I1.0
起动	Bool	%I1.1
停止	Bool	%I1.3
步进脉冲输出	Bool	%Q0.0
步进方向输出	Bool	%Q0.1
气缸下降电磁阀	Bool	%Q0.4
气缸上升电磁阀	Bool	%Q0.5
机械手抓取	Bool	%Q0.6
轴使能	Bool	%M2.0
复位完成	Bool	%M3.0
一次抓取完成标志位	Bool	%M3.4
一次放物完成标志位	Bool	%M6.3
到达预定位置标志位	Bool	%M3.5
一次放物回原点完成	Bool	%M6.4
步进回原点完成标志位1	Bool	%M10.0
步进到达预定位置标志位	Bool	%M10.1
步进回原点完成标志位2	Bool	%M10.2

图 9-37　PLC 变量的定义

3.2.3　行走机械手的梯形图程序

根据控制要求，程序设计分两部分，一部分为系统初始化功能 FC1 的梯形图程序，另一部分为主程序。

系统初始化功能 FC1 的梯形图如图 9-38 所示，程序段 1：M1.0 为首次扫描位，把项目中使用的位存储器复位。程序段 2：气缸和机械手复位。程序段 3：轴使能。程序段 4：步进电动机回原点，回原点模式为"3"。程序段 5：建立复位完成标志位。

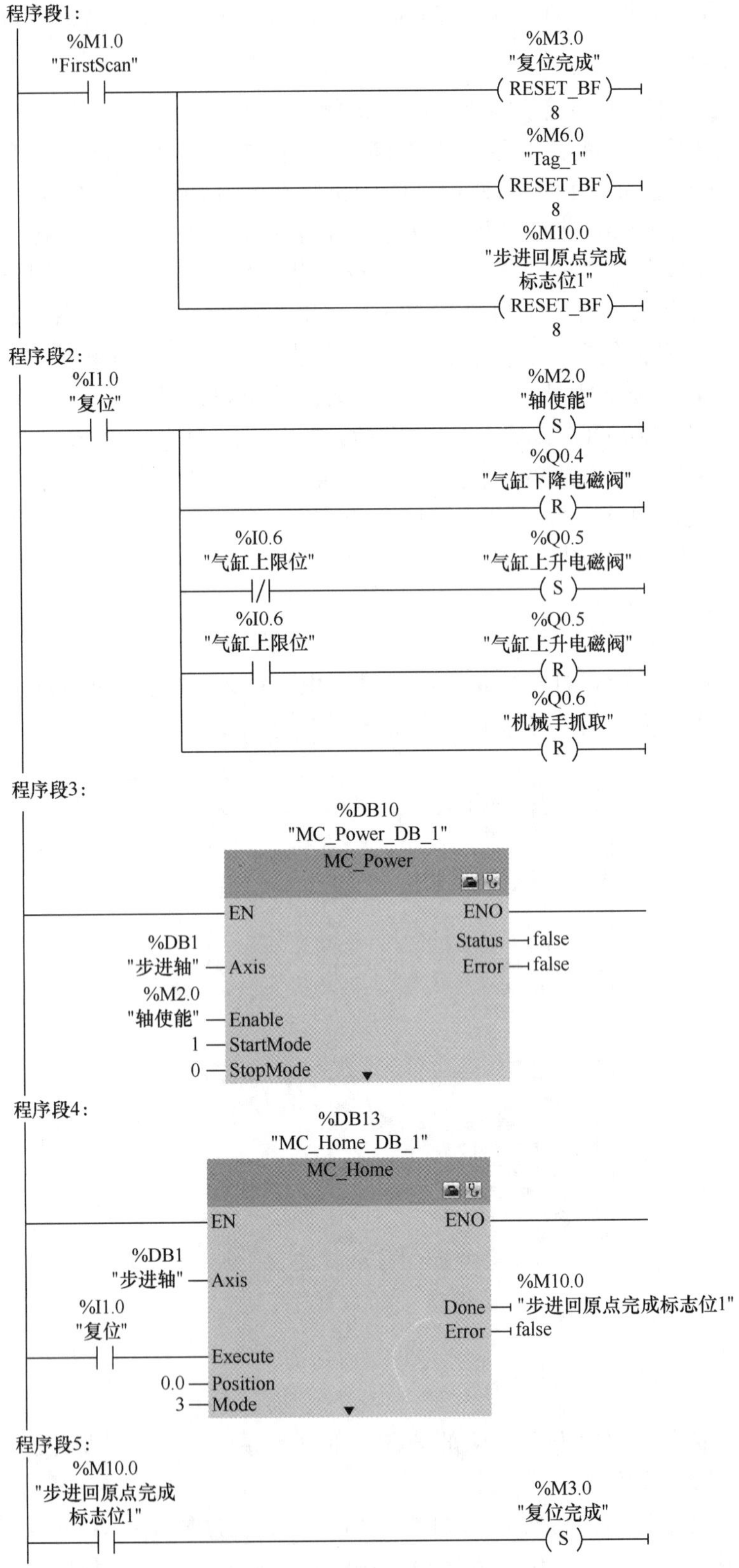

程序段1：

%M1.0
"FirstScan"
┤├─────┬─────

%M3.0
"复位完成"
──(RESET_BF)──
8

%M6.0
"Tag_1"
──(RESET_BF)──
8

%M10.0
"步进回原点完成
标志位1"
──(RESET_BF)──
8

程序段2：

%I1.0
"复位"
┤├─────┬─────

%M2.0
"轴使能"
──(S)──

%Q0.4
"气缸下降电磁阀"
──(R)──

%I0.6
"气缸上限位"
──┤/├──

%Q0.5
"气缸上升电磁阀"
──(S)──

%I0.6
"气缸上限位"
──┤├──

%Q0.5
"气缸上升电磁阀"
──(R)──

%Q0.6
"机械手抓取"
──(R)──

程序段3：

%DB10
"MC_Power_DB_1"

MC_Power	
EN	ENO
%DB1 "步进轴" — Axis	Status ┤ false
	Error ┤ false
%M2.0 "轴使能" — Enable	
1 — StartMode	
0 — StopMode ▼	

程序段4：

%DB13
"MC_Home_DB_1"

MC_Home	
EN	ENO
%DB1 "步进轴" — Axis	%M10.0 Done ─ "步进回原点完成标志位1"
%I1.0 "复位" ┤├ — Execute	Error ┤ false
0.0 — Position	
3 — Mode ▼	

程序段5：

%M10.0
"步进回原点完成
标志位1"
┤├──────

%M3.0
"复位完成"
──(S)──

图 9-38　系统初始化功能 FC1 梯形图

174

主程序的梯形图如图 9-39 所示。

图 9-39　主程序梯形图

程序段5:

%M3.3	%I0.6	%M3.3
"Tag_3"	"气缸上限位"	"Tag_3"
		—(R)—

%M3.4
"一次抓取完成标志位"
—(S)—

%Q0.5
"气缸上升电磁阀"
—(R)—

程序段6:

%DB13
"IEC_Timer_0_DB_4"

%M3.4
"一次抓取完成标志位"

```
        TON
        Time
IN          Q
T#2s— PT    ET —T#0ms
```

程序段7:

%DB14
"MC_MoveAbsolute_DB_1"

%M3.4
"一次抓取完成标志位"

```
        MC_MoveAbsolute
EN                      ENO
%DB1
"步进轴" — Axis
                              %M10.1
"IEC_Timer_0_         Done —  "步进到达预定
DB_4".Q — Execute             位置标志位"
                        Error —false
%MD30
"步进绝对位移" — Position
        40.0 — Velocity    ▼
```

程序段8:

%DB15
"IEC_Timer_0_DB_5"

| %M3.4 | %M10.1 | | %M3.5 |
| "一次抓取完成标志位" | "步进到达预定位置标志位" | | "到达预定位置标志位" |

```
        TON
        Time
IN          Q             —( S )—
T#5s— PT    ET —T#0ms
```

程序段9:

%M3.5	%M3.4
"到达预定位置标志位"	"一次抓取完成标志位"
	—(R)—

%M3.5
"到达预定位置标志位"
—(R)—

%M6.0
"Tag_5"
—(S)—

%Q0.5
"气缸上升电磁阀"
—|/|—

%Q0.4
"气缸下降电磁阀"
—(S)—

图 9-39 主程序梯形图（续）

程序段10:

```
    %M6.0         %I0.7                                              %M6.0
   "Tag_5"     "气缸下限位"                                          "Tag_5"
 ----| |---------| |---------┬--------------------------------------( R )----

                            │                                       %M6.1
                            │                                      "Tag_6"
                            ├--------------------------------------( S )----

                            │                                       %Q0.6
                            │                                     "机械手抓取"
                            ├--------------------------------------( R )----

                            │                                       %Q0.4
                            │                                   "气缸下降电磁阀"
                            └--------------------------------------( R )----
```

程序段11:

```
                            %DB16
                      "IEC_Timer_0_DB_6"
    %M6.1                   TON                                      %M6.1
   "Tag_6"                  Time                                    "Tag_6"
 ----| |----------------┬─IN      Q─┬------------------------------( R )----
                        │           │
                  T#2s─ PT     ET ─ T#0ms                           %M6.2
                                    │                              "Tag_7"
                                    ├------------------------------( S )----
                                    │
                                    │  %Q0.4           %Q0.5
                                    │ "气缸下降电磁阀"  "气缸上升电磁阀"
                                    └----|/|-----------( S )----
```

程序段12:

```
    %M6.2         %I0.6                                              %M6.2
   "Tag_7"     "气缸上限位"                                          "Tag_7"
 ----| |---------| |---------┬--------------------------------------( R )----

                            │                                       %M6.3
                            │                                   "一次放物完成
                            │                                     标志位"
                            ├--------------------------------------( S )----

                            │                                       %Q0.5
                            │                                   "气缸上升电磁阀"
                            └--------------------------------------( R )----
```

程序段13:

```
                            %DB17
                      "IEC_Timer_0_DB_7"
    %M6.3                   TON
 "一次放物完成                Time
   标志位"
 ----| |----------------┬─IN      Q─────────────────────────────────────────
                        │
                  T#2s─ PT     ET ─ T#0ms
```

图 9-39　主程序梯形图（续）

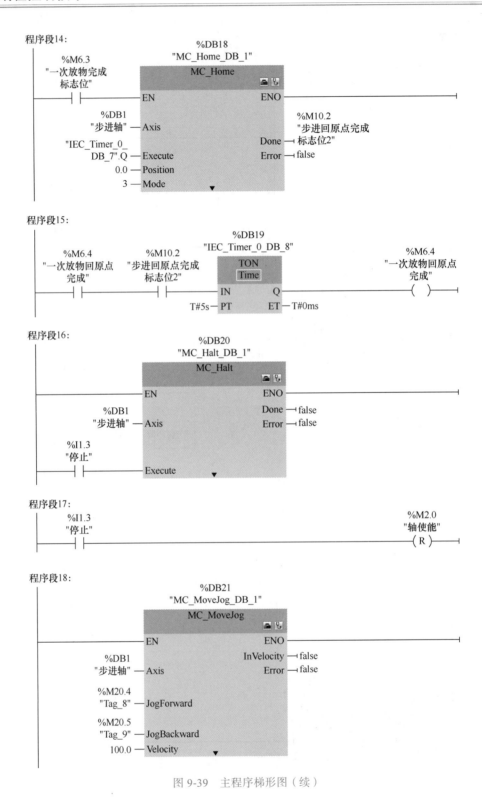

图 9-39 主程序梯形图（续）

四、工作任务

任务名称	任务 9-1：平台移动控制系统的安装与调试	
小组成员	组长： 成员：	
任务环境	**主要设备 / 材料**	**主要工具**
	1）SCE-PLC01 实训装置 2）实训装置电源模块 3）实训装置 PLC 模块 4）实训装置机电一体化模块	1）铅笔（2B） 2）直尺（300mm） 3）绘图橡皮 4）数字万用表
参考资料	教材、任务单、PLC 1200 技术手册、SCE-PLC01 PLC 控制技术实训装置手册	
任务要求	1）制订工作方案，包括人员分工、接线、调试规划、安全预案等 2）使用万用表测量电源电压 3）送电观察 PLC 的工作情况 4）对步进电动机轴进行组态、调试、诊断 5）编写 PLC 中轴程序，进行软硬件联机调试，实现平台移动的功能 6）规范操作，确保工作安全和设备安全 7）记录工作过程，进行学习总结和学习反思 8）注重团队合作，组内协助工作 9）保持工作环境整洁，形成良好的工作习惯	
工作过程	1）小组讨论，确定人员分工，小组协作完成工作任务 2）查阅资料，小组讨论，确定工作方案 3）观察装置，确保各部件安装到位，电源接入安全，导线无裸露 4）合闸送电，使用万用表测量 AC 380V、AC 220V、DC 24V 电源，确保正常 5）按照现场提供的机电一体化模块实际情况，在 Portal 平台完成步进电动机轴的组态和手动调试 6）参照所学相关内容完成步进电动机轴程序的编写，下载并运行调试 7）合闸送电，下载程序，调试平台移动功能，如有缺陷应持续进行修改完善 8）按照检查表，检查调试结果是否达标 9）对运行结果不正确或不规范的地方进行改进 10）小组讨论，总结学习成果，反思学习不足 11）工作结束，整理保存相关资料 12）清理工位，复原设备模块，清扫工作场地	
注意事项	1）文明作业，爱护工具 2）规范作图，重视绘图规范 3）合作学习，注重团队协作 4）及时整理，保存相关资料 5）总结反思，持续改进提升	

任务名称	任务 9-2：行走机械手控制系统的安装与调试	
小组成员	组长： 成员：	
任务环境	主要设备／材料	主要工具
	1）SCE-PLC01 实训装置 2）实训装置电源模块 3）实训装置 PLC 模块 4）实训装置机电一体化模块	1）铅笔（2B） 2）直尺（300mm） 3）绘图橡皮 4）数字万用表
参考资料	教材、PLC 1200 技术手册、SCE-PLC01 PLC 控制技术实训装置使用手册	
任务要求	1）在任务 9-1 的基础上完成机械手系统抓取物料的功能 2）在任务 9-1 基础上完成行走机械手系统整体功能程序 3）检查接线结果是否达标并进行改进 4）进行软硬件联机调试，实现要求的功能 5）规范操作，确保工作安全和设备安全 6）记录工作过程，进行学习总结和学习反思 7）注重团队合作，组内协助工作 8）保持工作环境整洁，形成良好的工作习惯	
工作过程	1）小组讨论，确定人员分工，小组协作完成工作任务 2）查阅资料，小组讨论，确定工作方案，绘制模块接线图 3）观察装置，确保各部件安装到位，电源接入安全，导线无裸露 4）合闸送电，使用万用表测量 AC 380V、AC 220V、DC 24V 电源，确保正常 5）参照所学相关内容完成系统程序的编写，下载并运行调试 6）按照检查表，检查调试结果是否达标 7）对运行结果不正确或不规范的地方进行改进 8）小组讨论，总结学习成果，反思学习不足 9）工作结束，整理保存相关资料 10）清理工位，复原设备模块，清扫工作场地	
注意事项	1）规范操作，确保人身安全和设备安全 2）仔细核对，杜绝因电源接入错误造成不可逆转的严重后果 3）合作学习，注重团队协作，分工配合共同完成工作任务 4）分色接线，便于查故检修，降低误接事故概率 5）及时整理，保持环境整洁，保证实训设备持续稳定使用	

"可编程控制技术"课程学习结果检测表

任务名称	任务 9-1：平台移动控制系统的安装与调试	
	检测内容	是否达标
材料准备	电工安装工具、绘图工具可正常使用	
	PLC 整机、电源等设备完好，供电正常	
	连接线红、黑、蓝、绿各 20 根，外观完好，无机械损伤	
	平台及机械手等器材，检测功能完好	
	数字万用表外观完好，检测功能正常，表笔绝缘层无损伤	
操作过程	接线前进行小组讨论，制订详细的工作方案	
	接线前对设备和器材进行目视检查，用万用表检测电气功能	
	接线前绘制接线原理图，并经教师检验正确	
	断开电源开关接线，规范使用工具接线，线路安装正确、可靠	
	接线结束后仔细核对接线情况，确保实际接线与接线原理图一致	
	根据现场实际提供的步进电动机型号进行组态	
	正确组态步进电动机轴，并进行手动调试	
	根据项目工作实际需要，规范、准确地建立变量表	
	正确启用高速脉冲发生器和高速计数器	
	能正确应用轴调试功能，在轴控制面板中能手动进行平台的移动	
	正确下载组态到现场设备，并观察调试功能	
操作结果	步进电动机轴组态正确，可以激活轴控制面板	
	进行手动调试，在轴控制面板中执行回原点命令，平台能准确回原点	
	进行手动调试，在轴控制面板中执行点动命令，平台能点动移动	
	进行手动调试，在轴控制面板中执行定位命令，平台能准确到达指定位置	
	操作过程规范，平台无撞击，器件摆放整齐，工位整洁	

"可编程控制技术"课程学习结果检测表

任务名称	任务 9-2：行走机械手控制系统的安装与调试	
检测内容		**是否达标**
材料准备	实训装置整机完好，供电正常	
	实训装置 PLC 模块、电源模块、机电一体化模块外观完好无损伤	
	实训装置机械手外观完好，无机械损伤	
	数字万用表外观完好，检测功能正常，表笔绝缘层无损伤	
操作过程	进行小组讨论，制订详细的工作方案	
	进行电源和气路的检查，并确保电源线路和气路的正常	
	对实训装置进行目视检查，各部件无损坏，无安全隐患	
	使用万用表对电源模块进行测量检查，电源输出电压正常	
	在任务 9-1 的基础上补充变量列表中所需的变量	
	在任务 9-1 的基础上应用轴的运动控制指令正确编写程序，下载并调试	
	正确下载组态和程序到现场设备，并观察调试功能	
	操作过程规范，器件摆放整齐，工位整洁	
操作结果	按下起动按钮，气缸下降	
	气缸下降到位，机械手抓取物体	
	延时 2s，气缸上升	
	气缸上升到上限位，一次抓取物体完成	
	步进电动机移动到指定位置，气缸下降	
	气缸下降到位，机械手放物体	
	延时 2s 后，气缸上升	
	气缸上升到上限位，步进回原点，等待再次按下起动按钮	

"可编程控制技术"课程学习学生工作记录页			
任务名称	任务 9-1：平台移动控制系统的安装与调试		
组别	工位		姓名
第　　组			

工作过程	1. 资讯（知识点积累、资料准备）				
	2. 计划（制订计划）				
	3. 决策（分析并确定工作方案）				
	4. 实施				
	5. 检测				
	结果观察				
	缺陷与改进	序号	故障现象	原因分析	是否解决
		1			
		2			
	6. 评价				
	小组自评	完成情况　□优秀　　□良好　□合格　□不合格			
		效果评价　□非常满意　□满意　□一般　□需改进			
	教师评价	评语			
		综评等级　□优秀　　□良好　□合格　□不合格			
总结反思					

"可编程控制技术"课程学习学生工作记录页			
任务名称	任务 9-2：行走机械手控制系统的安装与调试		
组别	工位		姓名
第　组			

工作过程	1. 资讯（知识点积累、资料准备）				
	2. 计划（制订计划）				
	3. 决策（分析并确定工作方案）				
	4. 实施				
	5. 检测				
	结果观察					
	缺陷与改进	序号	故障现象	原因分析	是否解决
		1			
		2			
	6. 评价				
	小组自评	完成情况	□优秀　　□良好　□合格　□不合格		
		效果评价	□非常满意　□满意　□一般　□需改进		
	教师评价	评语			
		综评等级	□优秀　　　□良好　□合格　□不合格		

总结反思	

项目小结

本项目主要介绍了高速脉冲输出和高速计数器指令的应用；介绍了工艺对象的常用指令及编程方法；介绍了步进电动机的基本使用和在运动控制中的调试与故障排除方法，并以行走机械手控制为例，编写了该项目的梯形图；对运动控制进行了初步介绍。

习题检测

1. 选择题

1-1　S7-1200 PLC 最多集成_____个高速计数器。

A. 3　　　　　　　B. 6　　　　　　　C. 7　　　　　　　D. 8

1-2　MC_Power 指令用于启动 / 禁用轴，轴在运动之前必须先_____。

A. 使能　　　　　B. 停止　　　　　C. 运动　　　　　D. 封锁

1-3　MC_Home 指令为回原点指令，其 Position 的数据类型为_____。

A. Int　　　　　　B. Bool　　　　　C. Real　　　　　D. Time

1-4　MC_MoveRelative 指令为_____指令。

A. 相对位移　　　B. 绝对位移　　　C. 暂停轴　　　　D. 目标转速运动

2. 填空题

2-1　高速计数器有 4 种工作模式：内部方向控制的单相计数器、_____、_____和 AB 相正交计数器。

2-2　绝对位移指令与相对位移指令的主要区别在于_____。

2-3　TIA Portal V15 软件具有轴调试功能，可以使用轴控制面板进行调试。在项目树中选择_____选项，选中已经定义的轴，再选择_____选项进行调试。

3. 程序题

控制步进电动机运行，要求如下：

1）上电后，复位指示灯闪烁。

2）按下复位按钮（此时其他按钮无效），步进电动机带动工作台自动回到原点，复位指示灯灭。

3）按下正转按钮，步进电动机正向移位 20mm，按下反转按钮，步进电动机反向移位 20mm，速度参数为 50.0mm/s。

4）左右要有限位保护。

项目 10

HMI 人机界面的设计与编程

一、学习目标

1. 在 Portal 软件中操作 HMI 硬件组态。
2. 在 Portal 软件中操作 HMI 软件画面设计和变量连接。
3. 在 Portal 软件中操作控件使用和动画设计。
4. 基于西门子 SCE-PLC01 实训装置，在 Portal 软件中编写电动机延时起动控制系统 PLC 程序，设计组态画面，并测试验证现象。
5. 基于西门子 SCE-PLC01 实训装置，在 Portal 软件中编写自动生产线运行指示系统 PLC 程序，设计组态画面，并测试验证现象。
6. 重视操作安全，注重团队协作。
7. 主动总结反思，持续改进提升，培养热爱科学、积极创新的精神。

二、项目描述

1. HMI 电动机延时起动控制系统

某工业现场需要在 HMI 上设计一套电动机延时起动控制系统，并能在 HMI 上设置延时时间。具体要求：在触摸屏上制作"起动按钮""停止按钮""电动机运行状态指示灯"和"延时时间设置"，在"延时时间设置"中能输入延时时间。按下触摸屏起动按钮，当延时时间到达时，电动机运行状态指示灯点亮；按下触摸屏停止按钮，电动机运行状态指示灯熄灭。

2. HMI 自动生产线运行指示系统

某公司需要设计一套自动生产线运行指示系统，要求在 HMI 上通过 8 盏灯的循环点亮显示出传送带的运行方向（正转/反转）。控制要求：按下正转起动按钮，传送带正向运行。8 盏灯的亮灭顺序：第 1 盏灯亮；1s 后，第 1 盏灯灭，第 2 盏灯亮；再过 1s 后，第 2 盏灯灭，第 3 盏灯亮……直到第 8 盏灯亮；再过 1s 后，第 1 盏灯再次亮起，如此循环。按下反转起动按钮，传送带反向运行，8 盏灯的亮灭顺序与正向运行时相反。无论何时按下停止按钮，传送带停止，8 盏灯全部熄灭。

三、相关知识和关键技术

3.1　相关知识

3.1.1　初识触摸屏

随着工业自动化水平的迅速提高和计算机在工业领域的广泛应用，开放式人机界面配合工业自动化组态软件能够灵活组态，满足对控制对象的各种监测和控制要求，提高生产过程的自动化控制水平。

西门子公司配套西门子 PLC 开发生产的工业组态设备叫作人机界面（Human Machine Interface，HMI），配合专用软件 TIA Portal 集成的 WinCC 软件，可以根据控制对象组态画面，下载至设备中并运行，实现对工业生产的过程监测和控制。这一系列面板功能强大，性能卓越，可完美应用于工厂的各种应用之中。西门子触摸屏的产品比较丰富，从低端到高端，品种齐全。

精彩系列面板（SMART Line）是西门子推出的配备标准功能的触摸屏，经济实用，性价比高。这个系列的触摸屏价格较低，部分功能进行了删减，不能直接与SIMATIC S7-300/400/1200/1500 PLC 进行通信，具有 7in（1in =25.4mm）、10in 两种尺寸；集成以太网口，可与 S7-200 PLC、S7-200 SMART PLC 进行通信（最多可连接四台）；具有隔离串口（RS-422/485 自适应切换），可连接西门子、三菱、施耐德、欧姆龙及台达部分系列 PLC；支持 Modbus RTU 协议、支持硬件实时时钟功能；集成 USB2.0host 接口，可连接鼠标、键盘、Hub 及 USB 存储。

精简面板（Basic Line）适用于中等性能范围任务的 HMI，有 4in、7in、9in、12in 显示屏，可用键盘或触摸控制。根据版本不同，可用于 PROFIBUS 或 PROFINET 网络，可以与 SIMATIC S7-1200 PLC 或其他控制器组合使用。这个系列的触摸屏价格适中，部分功能进行了删减，但功能比精彩系列面板完善。

精智面板（Comfort Line）是高端 HMI 设备，用于 PROFIBUS 中高端的 HMI 任务以及 PROFINET 网络。精智面板包括触摸面板和按键面板，有 4in、7in、9in、12in、15in、19in 和 22in 显示屏，可以横向和竖向安装。

3.1.2　SIMATIC 精简系列面板

本项目选用西门子 SIMATIC S7-1200 PLC 作为系统的控制器，对应选取西门子精简面板 7in 的 KTP700 Basic PN 触摸屏，实物如图 10-1 所示，配套使用西门子 TIA Portal 软件对工程进行编程调试。

西门子 TIA Portal 软件中集成了 WinCC 软件，在项目中可以实现 HMI 的硬件组态和软件编程。本项目采用 TIA Portal 软件中集成的 WinCC 软件来实现对于触摸屏的设计、编程与下载调试，SIMATIC 精简系列面板技术参数见表 10-1。

图 10-1　KTP700 Basic PN 触摸屏实物

表 10-1　SIMATIC 精简系列面板技术参数

	精简面板			
面板图				
名称	KTP400 Basic PN	KTP700 Basic DP KTP700 Basic PN	KTP900 Basic PN	KTP1200 Basic DP KTP1200 Basic PN
显示屏	TFT 真彩液晶屏，64K 色			
尺寸 /in	4.3	7	9	12
分辨率（宽 × 高，像素）	480 × 272	800 × 480	800 × 480	1280 × 800
背光平均无故障时间（MTBF）/h	20000			
前面板尺寸 /mm²	141 × 116	214 × 158	267 × 182	330 × 245
操作方式	触摸屏和覆膜按键			
功能按键（可编程）/系统键	4 / –	8 / –	8 / –	10 / –
用户内存 /MB	10			
可选内存 / 配方内存	– / 256KB			
报警缓冲区	√			
串口 / MPI / PROFIBUS DP PROFINET（以太网）	– / – / – / √	√ / √ / √ / – – / – / – / √	– / – / – / √	√ / √ / √ / – – / – / – / √
主 USB 口 / USB 设备	1 / –			
CF / MMC / SD 卡插槽	– / – / –			
报警系统 （报警数量 / 报警类别）	1000 / 32			
画面数	100			
变量	800			

（续）

精简面板				
矢量图	√			
棒图 / 曲线图	√ / f (t)			
画面模板	—			
配方	50			
归档 / VB 脚本	√ / –			
编程器功能	—			
SIMATIC S7/ SIMATIC WinAC	√ / √			
SINUMERIK/ SIMOTION	√ / √			
Allen Bradley/ Mitsubishi	√ / √			
Modicon/ Omron	√ / –	√ / √ √ / –	√ / –	√ / √ √ / –
可用组态软件	WinCC Basic V13 或更高版本			
Sm@rtServer/Audit/ Logon	√（V14 或更高版本）/ – / –			
OPC 服务器 / IE 浏览器	– / √			
订货号	6AV2123–2DB03– 0AX0	6AV2123–2GA03– 0AX0 6AV2123–2GB03– 0AX0	6AV2123–2JB03– 0AX0	6AV2123–2MA03– 0AX0 6AV2123–2MB03– 0AX0

3.2　关键技术

3.2.1　HMI 硬件组态

本项目中，计算机、HMI 和 PLC 之间采用了以太网进行通信连接，需要借助交换机进行以太网连接，拓扑图如图 10-2 所示。

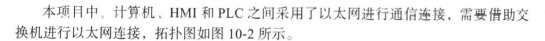
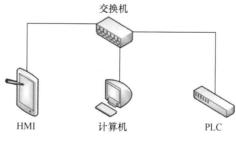

图 10-2　系统拓扑图

下面基于西门子SCE-PLC01 PLC控制技术实训装置，介绍了一个带HMI的PLC控制系统设计，硬件连接设备包括PLC可编程控制器单元、电源单元、触摸屏单元、交换机单元。

1. 组态准备

确认硬件连接无误后，需要设置计算机、HMI和PLC的IP地址，确保其IP地址均在同一网段且不重复。

1）计算机的IP地址设置。在计算机的"本地连接"→"属性"窗口中选择"Internet协议版本4（TCP/IPv4）"，将协议地址从"自动获得IP地址"变为"手动设置"，IP地址为"192.168.0.111"，子网掩码为"255.255.255.0"。

2）PLC的IP地址设置。在TIA Portal软件中选择"项目视图"→"在线访问"→"Realtek PCIe GBE Family Controller"→"更新可访问的设备"，选择PLC，设置其IP地址为"192.168.0.1"，子网掩码为"255.255.255.0"。

3）HMI的IP地址设置。在TIA Portal软件中选择"项目视图"→"在线访问"→"Realtek PCIe GBE Family Controller"→"更新可访问的设备"，选择HMI，设置其IP地址为"192.168.0.2"，子网掩码为"255.255.255.0"。

注意： 更改HMI的IP地址时需确保HMI界面处于Trasfer状态。

2. 新建项目和硬件组态

1）启动计算机桌面上的TIA Portal软件，创建新项目。

2）选择项目视图，在项目树中双击"添加新设备"，选择"控制器"→"SIMATIC S7-1200"→"CPU"→"CPU 1214C DC/DC/DC"，订货号选择"6ES7 212-1AE40-0XB0"，双击添加。

3）在"设备视图"→"硬件目录"中添加PLC相应的辅助模块，选择"信号板"→"AQ"→"AQ 1×12BIT"，订货号选择"6ES7 232-4HA30-0XB0"，双击添加；选择"DI/DQ"→"DI 8×24VDC/DQ 8×Relay"，订货号选择"6ES7 223-1PH32-0XB0"，双击添加。

4）选择项目视图，在项目树中双击"添加新设备"，选择"HMI"→"SIMATIC精简系列面板"→"7″显示屏"→"KTP700 Basic"，订货号选择"6AV2 123-2GB03-0AX0"，双击添加，最终触摸屏添加的型号为"KTP700 Basic PN"，PN表示为工业以太网连接型。

5）在弹出的HMI设备向导中，在"选择PLC"选项中选择"PLC_1"，单击"√"按钮，最后单击"完成"按钮。

6）到此为止，新建项目和硬件组态已经完成，在"项目树"中双击"设备和网络"，便可查看在"网络视图"下设备组态的情况，单击"显示地址"可查看PLC和HMI的IP地址，如有误，可按上一步中的方法更改。

3.2.2 HMI软件画面设计和变量连接

1. 画面

选择项目视图，在项目树中的HMI_1栏选择"画面"项，在画面项中可以对画面进行创建、命名和设置等操作。双击"添加新画面"可以添加画面，从而进入画面的视图，如图 10-3 所示。

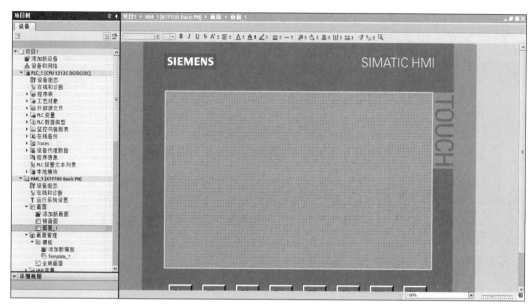

图 10-3　添加新画面

右击"画面_1"可以对画面进行删除、打开、复制及定义为起始画面等操作。画面左侧带有绿色箭头的画面为起始画面，HMI 运行后会首先打开起始画面，双击任意画面便可打开画面界面。

2. 变量

HMI 变量主要分为两类，分别是内部变量和外部变量，每个变量都有变量名称和数据类型。但无论是内部变量还是外部变量，均存储在 HMI 的存储空间中，为画面提供数据。

内部变量仅存储在 HMI 设备的存储空间中，与 PLC 没有联系，只有 HMI 设备能访问内部变量，内部变量用于 HMI 设备内部的计算或执行其他任务。

外部变量是人机界面和 PLC 进行数据交换的桥梁，是 PLC 中定义的存储单元的映像，其值随着 PLC 中相应存储单元的值变化而变化，可以帮助 HMI 设备和 PLC 之间实现数据的交换。

下面根据本项目着重介绍外部变量的创建方法：

选择项目视图，在项目树中的 HMI_1 栏选择"HMI 变量"项，双击选择"显示所有变量"项，在表中进行添加，取名为"HMI_Start"，在"连接"栏单击"■"，选择"连接"→"HMI_连接_1"，单击"√"按钮，在"PLC 变量"栏单击"■"，在左侧选择"PLC 变量"→"默认变量表"，选择"HMI_Start"，地址为 M0.0，单击"√"按钮。这样外部变量"HMI_Start"就与 PLC 中地址"M0.0"关联在一起了。

3.2.3　控件使用和动画设计

进入画面视图后，可以通过工具箱添加各组组件，然后对控件进行配置、变量关联，并对画面进行设计，对控件进行移动、缩放和排列，完成画面的设计和控件功能的设置，如图 10-4 所示。

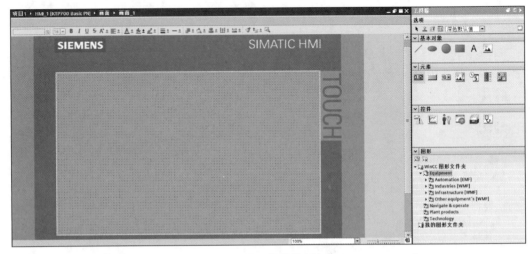

图 10-4　控件使用

1. 按钮

HMI 画面上按钮的功能比接在 PLC 输入端上的物理按钮的功能强大得多，用来将各种操作命令发送给 PLC，通过 PLC 的用户程序来控制生产过程。

（1）组态按钮　在"工具箱"中找到"元素"，将其中的"▢▢"拖拽到画面工作区域。双击放置的按钮，选择下方窗口中的"属性"→"属性列表"→"常规"，在"模式"和"标签"栏中均选择"文本"，填充输入按钮名称为"启动"。如果勾选"按钮'按下'时显示的文本"，可以分别设置未按下时和按下时显示的文本。未勾选时，按下和未按下时按钮上的文本相同，如图 10-5 所示。

图 10-5　按钮"属性"→"常规"栏

选择"属性"→"属性列表"→"外观"，可以对背景、文本、边框进行编辑，如图 10-6 所示。

192

图 10-6　按钮"属性"→"外观"栏

选择"属性"→"属性列表"→"布局",可以在"位置和大小"项调整按钮的位置和大小。如果勾选"适合大小"→"使对象适合内容",将根据按钮上文本的字数和大小自动调整按钮的大小,如图 10-7 所示。

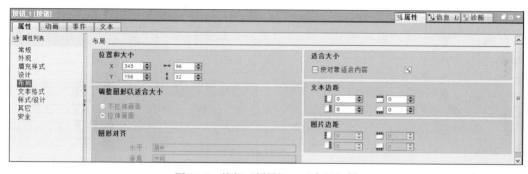

图 10-7　按钮"属性"→"布局"栏

选择"属性"→"属性列表"→"文本格式",单击"字体"右边的"⋯",可以在打开的对话框中调整文字的大小,字体为宋体,不可改变,字形可以选择"正常""粗体""斜体"或者"粗斜体",还可以设置"下划线""删除线""按垂直方向读取"等附加效果,如图 10-8 所示。

图 10-8　按钮"属性"→"文本格式"栏

(2) 设置按钮的事件功能　双击放置的按钮,选择下方窗口中的"属性"→"事件",可以实现"单击""按下""释放""激活""取消激活"和"更改"等操作,如图 10-9 所示。

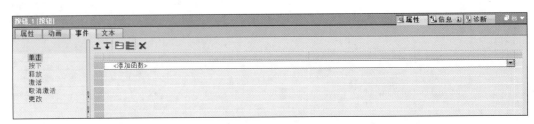

图 10-9　按钮 "事件" 栏

以 "启动" 按钮为例，选择下方窗口中的 "属性" → "事件" → "按下"，单击右边窗口中表格最上面一行，再单击右侧的 "▼"，在 "系统函数" 列表中选择 "编辑位" → "置位位"，如图 10-10 所示。

单击表中第 2 行的右侧的 "⋯"，选择 "PLC_1" → "PLC 变量" → "默认变量表"，选择右侧的 "HMI_Start"，单击 "√" 按钮。

选择 "属性" → "事件" → "释放"，单击右边窗口中表格最上面一行，再单击右侧的 "▼"，在 "系统函数" 列表中选择 "编辑位" → "复位位"，如图 10-11 所示。

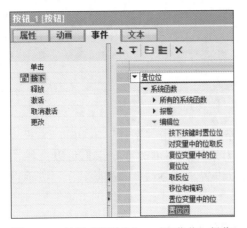

图 10-10　按钮 "编辑位" → "置位位" 操作

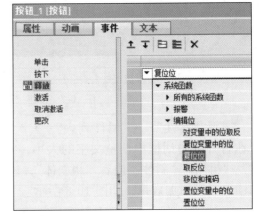

图 10-11　按钮 "编辑位" → "复位位" 操作

单击表中第 2 行的右侧的 "⋯"，选择 "PLC_1" → "PLC 变量" → "默认变量表"，选择右侧的 "HMI_Start"，单击 "√" 按钮。

至此，该按钮就具备了点动按钮的功能，按下按钮时变量置位为 1，释放按钮时复位为 0。

2. 指示灯

（1）指示灯组态　在 HMI 中可以添加一些基本图形，通过事件和变量来改变这些图形的形状、颜色、显示与隐藏等，以此达到监控某些变量、显示工程运行状态的目的。

在 "工具箱" 中找到 "基本对象"，将其中的 "●" 拖拽到画面工作区域。双击放置的圆，选择 "属性" → "属性列表" → "外观"，更改外观的 "背景" 和 "边框"，可以修改背景的颜色和填充图案，也可以修改边框的宽度、样式和颜色，如图 10-12 所示。

图 10-12　指示灯"属性"→"外观"栏

　　一般情况下，可以在画面上直接用鼠标拖曳设置画面元件的位置和大小，也可以选择"属性"→"属性列表"→"布局"，更改"位置和大小""半径"，来微调圆的位置和大小，如图 10-13 所示。

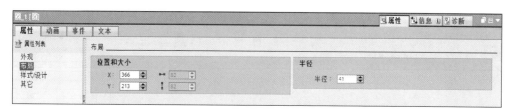

图 10-13　指示灯"属性"→"布局"栏

　　（2）动画　以单个指示灯的亮灭为例，双击放置的圆，选择"属性"→"动画"，双击"显示"→"添加新动画"，在弹出的对话会中选择"外观"，单击"确定"按钮，如图 10-14 所示。

图 10-14　指示灯"动画"栏

　　在外观框中单击"名称"栏右侧的"[...]"，选择"HMI_HL1"，在下方添加变量为 1 和为 0 时的小灯背景色和边框颜色，选择是否带闪烁灯等，如图 10-15 所示。

图 10-15　指示灯"动画"→"添加新动画"操作

3. I/O 域

　　I/O 域是指 HMI 中进行数据写入或输出数据显示的区域，I 是 Input（输入）的简称，O 是 Output（输出）的简称，有以下 3 类 I/O 域。

1）输入域：操作员输入字母或数字到 HMI，再由 HMI 传送到 PLC，用指定的 PLC 变量保存它们的值。

2）输出域：显示 PLC 中的变量数值。

3）输入/输出域：同时具有输入域和输出域的功能，操作员用它来修改 PLC 中变量的数值，并将修改后 PLC 中的数值显示出来。

在"工具箱"中找到"元素"，将其中的"0.12"拖拽到画面工作区域。双击放置的 I/O 域，选择"属性"→"属性列表"→"常规"，如图 10-16 所示。

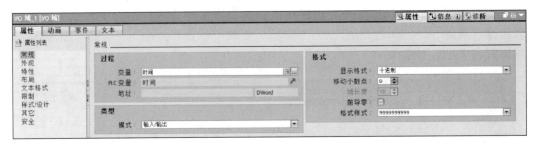

图 10-16 I/O 域"属性"栏

在"类型"栏可以根据显示需求设置模式为"输入""输出""输入/输出"，在"过程"栏连接 PLC 中的变量，在"格式"栏可以设置显示格式为二进制、日期、日期/时间、十进制、十六进制、时间、字符串中的一种，也可设置"移动小数点""域长度""前导零"和"格式样式"等信息，如图 10-17 所示。

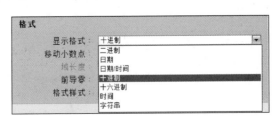

图 10-17 I/O 域"显示格式"栏

选择"属性"→"属性列表"→"外观"，可以对背景、文本、边框进行编辑，如图 10-18 所示。

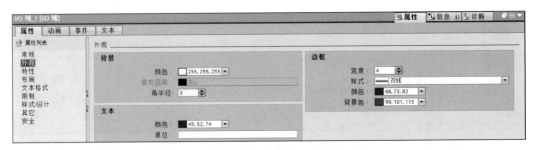

图 10-18 I/O 域"属性"→"外观"栏

选择"属性"→"属性列表"→"布局"，可以在"位置和大小"项调整按钮的位置和大小。如果勾选"适合大小"→"使对象适合内容"，将根据按钮上文本的字数和大小自动调整按钮的大小，如图 10-19 所示。

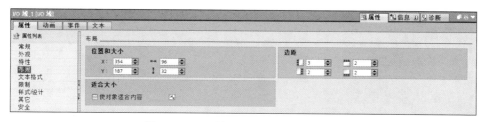

图 10-19　I/O 域"属性"→"布局"栏

选择"属性"→"属性列表"→"文本格式",单击"字体"右边的"⬚",可以在打开的对话框中调整文字的大小,字体为宋体,不可改变,字形可以选择"正常""粗体""斜体"或"粗斜体",还可以设置"下划线""删除线""按垂直方向读取"等附加效果,如图 10-20 所示。

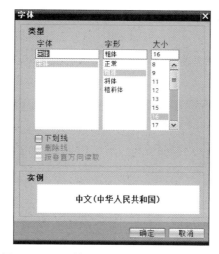

图 10-20　I/O 域"属性"→"文本格式"栏

4. 开关

"开关"对象用于组态开关,以便于运行期间在两种预定义的状态之间进行切换。可通过标签或图形将"开关"对象的当前状态进行可视化处理。单击开关时,将切换连接的布尔型变量的状态,即如果原来是 1 则变为 0,如果是 0 则变为 1,无需进行画面配置,只需要单击即可。

注意:"开关"不适用于精简系列面板。

在"工具箱"中找到"元素",将其中的"⬚"拖拽到画面工作区域。双击放置的开关,选择"属性"→"属性列表"→"常规",在"过程"栏连接 PLC 中的变量,在"模式"栏可以修改格式,在"标签"栏修改 ON 和 OFF 的标签,如图 10-21 所示。

选择"属性"→"属性列表"→"外观",可以对颜色、边框进行编辑,如图 10-22 所示。

选择"属性"→"属性列表"→"布局",可以在"位置和大小"项调整按钮的位置和大小。如果勾选"适合大小"→"使对象适合内容",将根据按钮上文本的字数和大小自动调整按钮的大小,如图 10-23 所示。

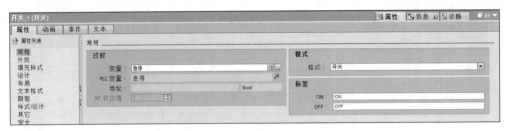

图 10-21　开关"属性"→"常规"栏

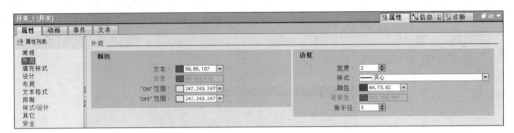

图 10-22　开关"属性"→"外观"栏

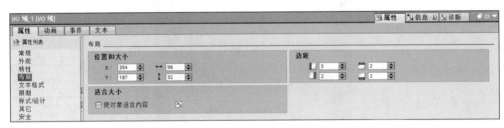

图 10-23　开关"属性"→"布局"栏

选择"属性"→"属性列表"→"文本格式",单击"字体"右边的"…",可以在打开的对话框中调整文字的大小,字体为宋体,不可改变,字形可以选择"正常""粗体""斜体""粗斜体",还可以设置"下划线""删除线""按垂直方向读取"等附加效果,如图 10-24 所示。

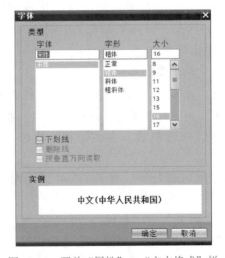

图 10-24　开关"属性"→"文本格式"栏

四、工作任务

任务名称	任务 10-1：设计 HMI 电动机延时起动控制系统	
小组成员	组长：　　　　　　　　　　成员：	
任务环境	主要设备 / 材料	主要工具
	1）SCE-PLC01 实训装置（电源模块、PLC 模块、HMI 触摸屏单元、交换机单元） 2）计算机 3）网线、连接导线 4）A4 纸	1）铅笔（2B） 2）直尺（300mm） 3）绘图橡皮 4）万用表
参考资料	教材、PLC 1200 技术手册、KTP700 触摸屏技术手册、SCE-PLC01 PLC 控制技术实训装置使用手册	
任务要求	1）按任务需求制订工作方案 2）按照工作方案完成硬件接线 3）在软件中完成硬件组态，进行程序调试 4）完成评价，反思不足 5）规范操作，确保工作安全和设备安全 6）记录工作过程，进行学习总结和学习反思 7）注重团队合作，组内协助工作 8）保持工作环境整洁，形成良好的工作习惯	
工作过程	1）小组讨论，确定人员分工，小组协作完成工作任务 2）查阅资料，讨论确定工作方案，包含 I/O 分配表、硬件接线图、PLC 控制程序等 3）按规范使用红 / 黑导线将 PLC、HMI、交换机单元等接入电源 4）使用网线将 PLC、HMI、计算机接入交换机单元 5）根据要求合理设定 PLC、HMI、计算机的 IP 地址 6）合闸送电，观察 PLC、HMI、交换机单元运行指示灯是否正常，如有故障，应尽快停电检修线路 7）在 Portal 软件中完成硬件组态，输入 PLC 控制程序，绘制 HMI 画面，并进行变量连接 8）下载程序及触摸屏画面，测试结果 9）按照检查表，检查安装成果是否达标 10）小组讨论，总结学习成果，反思学习不足 11）工作结束，整理保存相关资料 12）清理工位，复原设备模块，清扫工作场地	
注意事项	1）规范操作，确保人身安全和设备安全 2）仔细核对，杜绝因电源接入错误造成不可逆转的严重后果 3）合作学习，注重团队协作，分工配合共同完成工作任务 4）分色接线，便于查故检修，降低误接事故概率 5）及时整理，保持环境整洁，保证实训设备持续稳定使用	

任务名称	任务 10-2：设计 HMI 自动生产线运行指示系统	
小组成员	组长：	成员：
任务环境	主要设备 / 材料	主要工具
任务环境	1）SCE-PLC01 实训装置（电源模块、PLC 模块、HMI 触摸屏单元、交换机单元） 2）计算机 3）网线、连接导线 4）A4 纸	1）铅笔（2B） 2）直尺（300mm） 3）绘图橡皮 4）万用表
参考资料	教材、PLC 1200 技术手册、KTP700 触摸屏技术手册、SCE-PLC01 PLC 控制技术实训装置使用手册	
任务要求	1）按任务需求制订工作方案 2）按照工作方案完成硬件接线 3）在软件中完成硬件组态，进行程序调试 4）完成评价，反思不足 5）规范操作，确保工作安全和设备安全 6）记录工作过程，进行学习总结和学习反思 7）注重团队合作，组内协助工作 8）保持工作环境整洁，形成良好的工作习惯	
工作过程	1）小组讨论，确定人员分工，小组协作完成工作任务 2）查阅资料，讨论确定工作方案，包含 I/O 分配表、硬件接线图、PLC 控制程序等 3）按规范使用红 / 黑导线将 PLC、HMI、交换机单元等接入电源 4）使用网线将 PLC、HMI、计算机接入交换机单元 5）根据要求合理设定 PLC、HMI、计算机的 IP 地址 6）合闸送电，观察 PLC、HMI、交换机单元运行指示灯是否正常，如有故障，应尽快停电检修线路 7）在 Portal 软件中完成硬件组态，输入 PLC 控制程序，绘制 HMI 画面，并进行变量连接 8）下载程序及触摸屏画面，测试结果 9）按照检查表，检查安装成果是否达标 10）小组讨论，总结学习成果，反思学习不足 11）工作结束，整理保存相关资料 12）清理工位，复原设备模块，清扫工作场地	
注意事项	1）规范操作，确保人身安全和设备安全 2）仔细核对，杜绝因电源接入错误造成不可逆转的严重后果 3）合作学习，注重团队协作，分工配合共同完成工作任务 4）分色接线，便于查故检修，降低误接事故概率 5）及时整理，保持环境整洁，保证实训设备持续稳定使用	

"可编程控制技术"课程学习结果检测表

任务名称	任务 10-1：设计 HMI 电动机延时起动控制系统	
	检测内容	是否达标
项目设计	根据任务要求制订出正确的 PLC I/O 分配表	
	根据任务要求画出 I/O 硬件接线图	
	根据任务要求设计出 PLC 控制程序	
硬件接线	使用网线将 PLC、HMI、计算机接入交换机单元	
	PLC、HMI、交换机单元红色台阶插座插接 24V	
	PLC、HMI、交换机单元黑色台阶插座插接 0V	
	PLC 的 1L、3L 端子插接 24V	
	PLC 的 1M、3M 端子插接 0V	
	所有接入"24V"端的线均选用红色线，"0V"端的线均选用黑色线	
	级联接入统一接线端的线路数量均不超过 2 条，线路布设整齐	
软件操作	正确设置计算机、PLC、HMI 的 IP 地址	
	正确选择 PLC 的 CPU、信号板、信号模块的型号和订货号	
	正确选择组态中 HMI 的型号和订货号	
	网络视图中 PLC 与 HMI 的 PN/IE 连接正确	
软件操作	程序无编译错误提示，梯形图表达正确，画法规范，指令正确	
	画面中元素、对象添加正确，并与 PLC 变量成功连接	
	PLC、HMI 下载提示成功，转在线全绿	
结果调试	在 HMI I/O 域中输入时间量成功	
	在 HMI 上按下起动按钮，系统开始运行	
	延时时间到后，电动机运行指示灯点亮	
	按下停止按钮，电动机运行指示灯熄灭	

"可编程控制技术"课程学习结果检测表

任务名称	任务 10-2：设计 HMI 自动生产线运行指示系统	
	检测内容	是否达标
项目设计	根据任务要求制订出正确的 PLC I/O 分配表	
	根据任务要求画出 I/O 硬件接线图	
	根据任务要求设计出 PLC 控制程序	
硬件接线	使用网线将 PLC、HMI、计算机接入交换机单元	
	PLC、HMI、交换机单元红色台阶插座插接 24V	
	PLC、HMI、交换机单元黑色台阶插座插接 0V	
	PLC 的 1L、3L 端子插接 24V	
	PLC 的 1M、3M 端子插接 0V	
	所有接入"24V"端的线均选用红色线，"0V"端的线均选用黑色线	
	级联接入统一接线端的线路数量均不超过 2 条，线路布设整齐	
软件操作	正确设置计算机、PLC、HMI 的 IP 地址	
	正确选择 PLC 的 CPU、信号板、信号模块的型号和订货号	
	正确选择组态中 HMI 的型号和订货号	
	网络视图中 PLC 与 HMI 的 PN/IE 连接正确	
	程序无编译错误提示，梯形图表达正确，画法规范，指令正确	
	画面中元素、对象添加正确，并与 PLC 变量成功连接	
	PLC、HMI 下载提示成功，转在线全绿	
结果调试	在 HMI 上按下正转起动按钮，系统开始运行	
	指示灯按顺序点亮，并可以循环	
	在 HMI 上按下反转起动按钮，系统开始运行	
	指示灯按逆序点亮，并可以循环	
	任意时刻按下停止按钮，指示灯全部熄灭	

"可编程控制技术" 课程学习学生工作记录页			
任务名称	任务 10-1：设计 HMI 电动机延时起动控制系统		
组别	工位		姓名
第　　组			

<table>
<tr><td rowspan="20">工作
过程</td><td colspan="4" align="center">1. 资讯（知识点积累、资料准备）</td></tr>
<tr><td colspan="4"></td></tr>
<tr><td colspan="4" align="center">2. 计划（制订计划）</td></tr>
<tr><td colspan="4"></td></tr>
<tr><td colspan="4" align="center">3. 决策（分析并确定工作方案）</td></tr>
<tr><td colspan="4"></td></tr>
<tr><td colspan="4" align="center">4. 实施</td></tr>
<tr><td colspan="4"></td></tr>
<tr><td colspan="4" align="center">5. 检测</td></tr>
<tr><td>结果
观察</td><td colspan="3"></td></tr>
<tr><td rowspan="3">缺陷与
改进</td><td>序号</td><td>故障现象</td><td>原因分析</td><td>是否解决</td></tr>
</table>

缺陷与改进

序号	故障现象	原因分析	是否解决
1			
2			

6. 评价				
小组 自评	完成情况	□优秀　　□良好　□合格　□不合格		
	效果评价	□非常满意　□满意　□一般　□需改进		
教师 评价	评语			
	综评等级	□优秀　　□良好　□合格　□不合格		

总结反思	

"可编程控制技术"课程学习学生工作记录页

任务名称	任务 10-2：设计 HMI 自动生产线运行指示系统		
组别	工位		姓名
第　　组			

工作过程		1. 资讯（知识点积累、资料准备）			
		2. 计划（制订计划）			
		3. 决策（分析并确定工作方案）			
		4. 实施			
		5. 检测			
	结果观察				
	缺陷与改进	序号	故障现象	原因分析	是否解决
		1			
		2			
		6. 评价			
	小组自评	完成情况	□优秀　　□良好　□合格　□不合格		
		效果评价	□非常满意　□满意　□一般　□需改进		
	教师评价	评语			
		综评等级	□优秀　　□良好　□合格　□不合格		
总结反思					

项目小结

本项目主要介绍了基于 Portal 软件的 S7–1200 PLC 与精简系列 HMI 的组态与应用；介绍了使用 HMI 设备向导生成 HMI、组态界面，以及根据控制对象进行画面设计、PLC 变量连接，使学生掌握程序下载、调试、运行的方法，明确 HMI 在工业现场的应用，即实现对工业生产过程的可视化监测与远程化控制。

习题检测

1. 选择题

1-1　HMI 画面工具箱中包含的组件有（　　　　）。

A. 基本对象　　　　B. 元素　　　　　　C. 控件　　　　　　D. 图形

1-2　本项目中用到的触摸屏型号是（　　　　）。

A. KTP700 Basic PN　　　　　　　　B. KTP700 Basic DP

C. KTP700 Comfort　　　　　　　　D. KTP900 Basic PN

1-3　如果 PLC 的 IP 地址为"192.168.1.1"，为使 HMI 和 PLC 能实现通信，则 HMI 的 IP 地址可以为（　　　　）。

A. 192.168.1.100　B. 192.168.1.1　　C. 192.160.1.2　　D. 198.162.1.1

1-4　HMI 的变量分为两种（　　　　）。

A. 外部变量　　　　B. 输入变量　　　　C. 输出变量　　　　D. 内部变量

2. 简答题

2-1　什么是触摸屏？其英文缩写是什么？

2-2　在硬件上如何实现 PLC 与触摸屏的以太网通信？

2-3　简述在画面上生成和组态指示灯的步骤。

2-4　简述在画面上设置按钮事件功能的步骤。

项目 11

G120 变频器的调试与控制程序编写

一、学习目标

1. 了解变频器在现代工业生产调速控制中的应用现状，能说明西门子 G120 变频器的主要参数及含义。

2. 使用智能控制面板 IOP 配置 G120 变频器基本参数，并通过 IOP 手动控制变频器运行。

3. 操作完成变频器与电源、电动机、PLC 的硬件接线。

4. 组态连接 G120 与 S7-1200 PLC 网络，配置通信报文格式，并通过标准报文 1 控制电动机起停及速度。

5. 在 Portal 软件中，使用 PROFINET 通信报文对 G120 变频器进行基本控制。

6. 在 Portal 软件中编写控制程序，使用 G120 变频器控制实现三相异步电动机起、停、调速控制程序，并测试验证现象。

7. 重视操作安全，注重团队协作。

8. 主动总结反思，持续改进提升，培养热爱科学、积极创新的精神。

二、项目描述

1. 智能控制面板 IOP 手动控制 G120 变频器运行

某公司购置一批西门子 G120 变频器，现需要借助三相异步电动机进行验收测试，请完成 G120 变频器与三相异步电动机的硬件接线，并通过智能控制面板 IOP 手动控制 G120 变频器运行，进行变频调速测试。

2. PLC 通过 PROFINET 通信报文控制 G120 变频器运行

某公司新购置的西门子 G120 变频器，需要设计一套系统通过 PLC 控制变频器调速来测试设备，请依据如下具体控制进行系统设计并测试现象：初次上电，系统复位。按下起动按钮，系统延时 5s 后电动机以 25Hz 速度转动（5～20s），电动机以 50Hz 速度转动（20～40s），电动机以 30Hz 速度转动（40～50s），电动机以 10Hz 速度转动（50～60s），60s 电动机停止，5s 后循环。按下停止按钮，系统复位，电动机停止转动。

三、相关知识和关键技术

3.1　相关知识

3.1.1　SINAMICS G120 概述

通常，把电压和频率固定不变的工频交流电变换为电压或频率可变的交流电的装置称为变频器。在实际应用中，变频器主要用于三相交流异步电动机的调速，又称为变频调速器。

SINAMICS G120 是一款模块式变频器系统，其设计是针对三相交流电动机，用于实现精确而又经济的转速 / 转矩控制。

每个 SINAMICS G120 变频器都是由一个控制单元（Control Unit，CU）和一个功率模块（Power Module，PM）组成，其实物如图 11-1 所示。控制单元可以控制和监测功率模块以及与它相连的电动机；功率模块提供电源和电动机端子。SINAMICS G120 变频器的结构如图 11-2 所示。

a) 控制单元CU　　　　b) 功率模块PM

图 11-1　SINAMICS G120 变频器实物

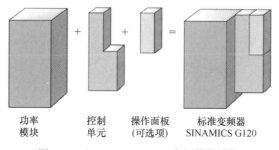

图 11-2　SINAMICS G120 变频器的结构

3.1.2　变频器 IOP 面板认知

1. IOP 面板的实体布局

SINAMICS G120 变频器 IOP 面板实体图如图 11-3 所示。

前视图   后视图

USB接口

RS232连接器

门安装螺钉凹槽

退出键　手动　开机键
　　　　自动

关机键　确定　帮助
　　　推论

图 11-3　SINAMICS G120 变频器 IOP 面板实体图

2. IOP 面板的安装

将 IOP 面板安装在变频器控制单元的步骤如下：

① 将 IOP 外壳的底边插入控制单元壳体的较低凹槽位。

② 将 IOP 推入控制单元，直至顶部紧固装置卡入控制单元壳体，如图 11-4 所示。

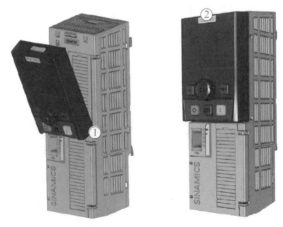

图 11-4　IOP 面板安装示意图

3. IOP 面板各功能键说明

推轮（ ⬤ ）具有以下功能：

1）在菜单中通过旋转推轮改变选择。

2）当选择突出显示时，按压推轮确认选择。

3）编辑一个参数时，旋转推轮改变显示值。顺时针增加显示值，逆时针减小显示值。

4）编辑参数或搜索参数时，可以选择编辑单个数字或整个值。长按推轮（>3s），可在两个不同的值编辑模式之间切换。

5）在手动模式下，旋转推轮可以对电动机的运行速度进行控制。

开机键（ I ）具有以下功能：

1）在 AUTO 模式下，屏幕显示为一个信息屏幕，说明该命令源为 AUTO，可通过按 HAND/AUTO 键改变。

2）在 HAND 模式下启动变频器，变频器状态图标开始转动。

关机键（ O ）具有以下功能：

1）如果按下时间超过 3s，变频器将执行 OFF2 命令，电动机将关闭停机。

注意：在 3s 内按 2 次 OFF 键也将执行 OFF2 命令。

2）如果按下时间不超过 3s，变频器将执行以下操作：在 AUTO 模式下，屏幕显示为一个信息屏幕，说明该命令源为 AUTO，可使用 HAND/AUTO 键改变，变频器不会停止；如果在 HAND 模式下，变频器将执行 OFF1 命令，电动机将以参数设置为 P1121 的减速时间停机。

退出键（ ESC ）具有以下功能：

1）如果按下时间不超过 3s，则 IOP 返回上一页，如果正在编辑数值，新数值将不会被保存。

2）如果按下时间超过 3s，则 IOP 返回状态屏幕。

注意：在参数编辑模式下使用退出键时，除非先按确认键，否则数据不能被保存。

INFO 键（ INFO ）具有以下功能：

1）显示当前选定项的额外信息。

2）再次按下 INFO 键会显示上一页。

HAND/AUTO 键（ HAND AUTO ）用于切换 HAND（手动）和 AUTO（自动）模式之间的命令源。

1）HAND 设置到 IOP 的命令源。

2）AUTO 设置到外部数据源的命令源，如现场总线。

注意：同时按 ESC 键和 INFO 键 3s 或以上锁定 IOP 键盘。同时按 ESC 键和 INFO 键 3s 或以上解锁键盘。

4. IOP 面板图标的含义

IOP 面板在显示屏的右上角边缘显示许多图标，表示变频器的各种状态或当前工作情况，这些图标的解释见表 11-1。

表 11-1　IOP 面板图标含义释义表

功能	状态	符号	备注
命令源	自动	—	—
	JOG	JOG	点动功能激活时显示
	手动	✋	—
变频器状态	就绪	◒	—
	运行	◓	电动机运行时图标旋转
故障未决	故障	⊗	—
报警未决	报警	⚠	—
保存至 RAM	激活	💾	表示所有数据目前已保存至 RAM，如果断电，所有数据将会丢失
PID 自动调整	激活	—	—
休眠模式	激活	—	—
写保护	激活	✎	参数不可更改

3.2　关键技术

3.2.1　G120 变频器和电动机单元

变频器控制单元实物如图 11-5 所示。

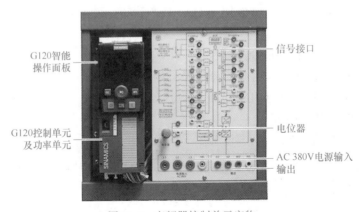

图 11-5　变频器控制单元实物

三相异步电动机的额定功率为 0.55kW；额定电压为 220V/380V；额定转速为 1440r/min；防护等级为 IP55，其实物如图 11-6 所示。

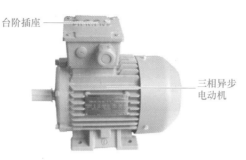

台阶插座

三相异步
电动机

图 11-6　三相异步电动机实物

3.2.2　IOP 面板控制参数设定

1）从向导菜单中选择 "Basic Commissioning"（基本调试），如图 11-7 和图 11-8 所示。

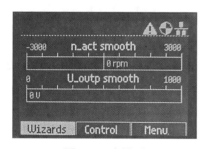

图 11-7　主界面

图 11-8　基本调试

2）选择 "Yes" 恢复出厂设置，在保存基本调试过程中所做的所有参数变更之前恢复出厂设置，如图 11-9 所示。

3）应用等级选择 Standard Drive Control（标准驱动控制），如图 11-10 所示。

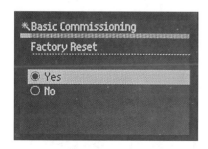

图 11-9　恢复出厂设置

图 11-10　标准驱动控制

4）电动机数据选择默认选项 "Europe 50 Hz，kW"，如图 11-11 所示。

5）电动机铭牌数据选择输入数据，该数据用于计算该应用的正确速度和显示值，如图 11-12 所示。

图 11-11　电动机数据

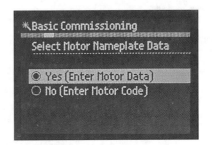

图 11-12　输入电动机铭牌数据

6）电动机类型选择异步电动机，频率选择 50Hz，如图 11-13 和图 11-14 所示。

图 11-13　电动机类型

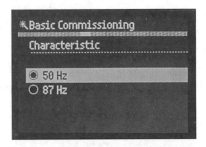

图 11-14　频率选择

7）在这个阶段，向导将开始要求具体涉及连接电动机的数据，该数据从电动机铭牌获得；根据电动机铭牌输入正确的电动机频率、电压、电流、额定功率、电动机转速；本项目中参数为 50Hz、400V、1.29A、0.55kW、1440rpm，设备界面参照图 11-15 ～图 11-20 进行更改。

图 11-15　输入电动机数据

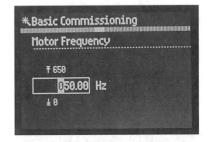

图 11-16　电动机频率

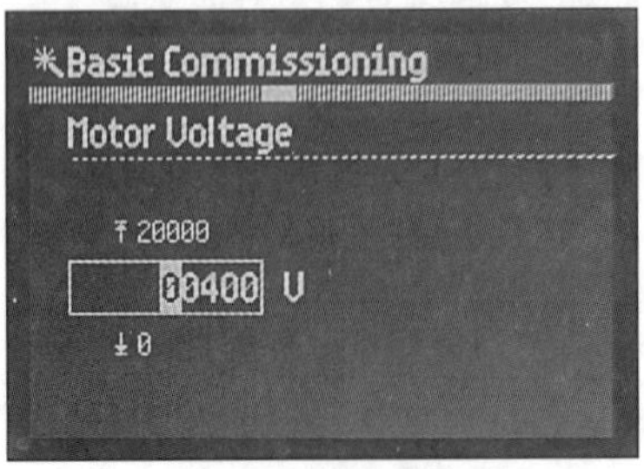

图 11-18　电动机电流

图 11-17　电动机电压

图 11-19　电动机额定功率

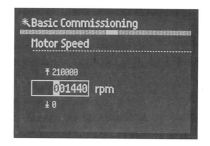

图 11-20　电动机转速

8）工艺应用选择直线特性曲线，如图 11-21 所示。

9）电动机数据检测选择静态电动机数据检测，如图 11-22 所示。

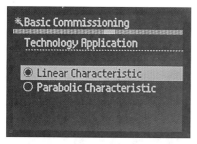

图 11-21　电动机工艺应用

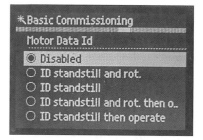

图 11-22　静态识别关闭

10）宏设置选择现场总线，如图 11-23 所示。

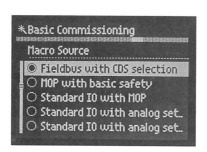

图 11-23　宏设置

11）设置最小转速、最大转速、斜坡上升时间和斜坡下降时间，如图 11-24 ～图 11-27 所示。

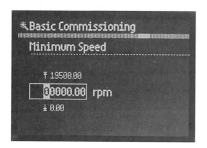

图 11-24　最小转速

图 11-25　最大转速

图 11-26 斜坡上升时间

图 11-27 斜坡下降时间

12）最后选择保存。

3.2.3 通过 IOP 手动控制变频器运行

第一步：在主界面按下" HAND/AUTO "，切换至手动模式，如图 11-28 所示。

第二步：进入面板控制画面后，按下" I "，变频器控制电动机运行；按下" O "，变频器控制电动机停止运行。通过旋转" OK "可以对电动机的运行速度进行控制，如图 11-29 所示。

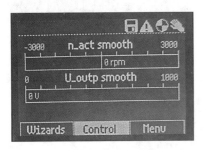

图 11-28 切换手动模式

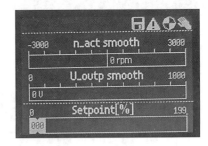

图 11-29 控制界面

第三步：在第二步的基础上，按下" OK "，可以进入手动控制参数设置界面，如图 11-30 所示。

第四步：顺时针旋转" OK "，旋转到"Reverse"停止，按下" OK "，如图 11-31 所示。

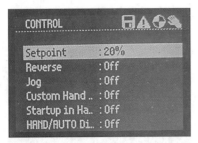

图 11-30 手动控制参数设置界面

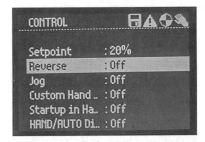

图 11-31 选择 Reverse

第五步：顺时针旋转" OK "，旋转到"On"停止，按下" OK "，改变电动机的当前运行方向，如图 11-32 所示。

第六步：在显示图 11-33 所示画面时按下" ESC "，可以返回第二步。

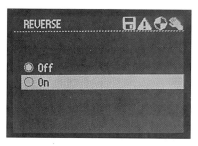

图 11-32　改变电动机的当前运行方向　　　　　　图 11-33　返回控制界面

3.2.4　组态 G120

关于 PLC 组态，在之前的内容已经详细介绍过，这里不再重复，下面详细介绍 G120 变频器的组态。

计算机、G120、PLC 之间采用了以太网进行通信连接，需要借助交换机进行以太网连接，三者需要在同一个网段，且不重复，需提前设置计算机 IP 地址为 "192.168.0.111"，子网掩码为 "255.255.255.0"。PLC 设置其 IP 地址为 "192.168.0.1"，子网掩码为 "255.255.255.0"。

G120 的 IP 地址设置：

在 TIA Portal 软件中选择 "项目视图" → "在线访问" → " Realtek PCIe GBE Family Controller" → "更新可访问的设备"，选择 G120 设置其 IP 地址为 "192.168.0.3"，子网掩码为 "255.255.255.0"。

注意：更改完数据后，需要重启 G120 变频器以完成数据的传送更新。

在新建好的项目中组态 PLC，切换到网络和设备，在硬件目录中选择 "其他现场设备" → "PROFINET IO" → "Drives" → "SIEMENS AG" → "SINAMICS" → "SINAMICS G120 CU250S−2 PN Vector V4.7"，双击完成添加，如图 11-34 所示。

图 11-34　组态 G120（一）

在网络视图下，将 G120 分配至 PLC，与 PLC 组成 PN/IE_1 子网。此外，还需要将变频器的名称和 IP 地址改为与在线访问中 G120 的名称和 IP 地址一致，否则会引起报错，如图 11-35 所示。

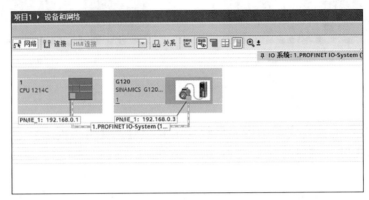

图 11-35　组态 G120（二）

接下来，配置 G120 的周期性通信报文，具体步骤如下：

1）双击网络视图中的 G120。

2）在视图右边选择"标准报文 1，PZD-2/2"。

3）在 G120 的设备概览中将"标准报文 1，PZD-2/2"的 I 地址设置为"100"，将 Q 地址设置为"100"，如图 11-36 所示。

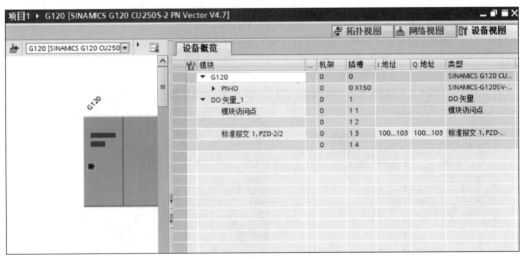

图 11-36　通信报文设置

3.2.5　通过标准报文 1 控制电动机起停及速度

G120 变频器支持的主要报文类型见表 11-2。

表 11-2　报文类型

报文类型 P922	过程数据							
	PZD1	PZD2	PZD3	PZD4	PZD5	PZD6	PZD7	PZD8
报文 1 PZD-2/2	STW1	NSOLL_A	—	—	—	—	—	—
	ZSW1	NIST_A_GLATT	—	—	—	—	—	—
报文 20 PZD-2/6	STW1	NSOLL_A	—	—	—	—	—	—
	ZSW1	NIST_A_GLATT	IAIST_GLATT	MIST_GLATT	PIST_GLATT	MELD_NAMUR	—	—
报文 350 PZD-4/4	STW1	NSOLL_A	M_LIM	STW3	—	—	—	—
	ZSW1	NIST_A_GLATT	IAIST_GLATT	ZSW3	—	—	—	—
报文 352 PZD-6/6	STW1	NSOLL_A	预留过程数据				—	—
	ZSW1	NIST_A_GLATT	IAIST_GLATT	MIST_GLATT	WARN_CODE	FAULT_CODE	—	—
报文 353 PZD-6/6	STW1	NSOLL_A	—	—	—	—	—	—
	ZSW1	NIST_A_GLATT	—	—	—	—	—	—
报文 354 PZD-6/6	STW1	NSOLL_A	预留过程数据				—	—
	ZSW1	NIST_A_GLATT	IAIST_GLATT	MIST_GLATT	WARN_CODE	FAULT_CODE	—	—
报文 999 PZD-n/m	STW1	接收数据报文长度可定义（$n=1, \cdots, 8$）						
	ZSW1	发送数据报文长度可定义（$m=1, \cdots, 8$）						

1）STW1 控制字见表 11-3。

表 11-3　STW1 控制字

控制字位	数值	含义	参数设置
0	0	OFF1 停车（P1121 斜坡）	P840=r2090.0
	1	起动	
1	0	OFF2 停车（自由停车）	P844=r2090.1
2	0	OFF3 停车（P1135 斜坡）	P848=r2090.2
3	0	脉冲禁止	P852=r2090.3
	1	脉冲使能	

（续）

控制字位	数值	含义		参数设置
4	0	斜坡函数发生器禁止		P1140=r2090.4
	1	斜坡函数发生器使能		
5	0	斜坡函数发生器冻结		P1141=r2090.5
	1	斜坡函数发生器开始		
6	0	设定值禁止		P1142=r2090.6
	1	设定值使能		
7	1	上升沿故障复位		P2103=r2090.7
8	—	未用		—
9	—	未用		—
10	0	不由 PLC 控制（过程值被冻结）		P854=r2090.10
	1	由 PLC 控制（过程值有效）		
11	1	—	设定值反向	P1113=r2090.11
12	—	未用		—
13	1	—	MOP 升速	P1035=r2090.13
14	1	—	MOP 降速	P1036=r2090.14
15	1	CDS 位 0	未使用	P810=r2090.15

通过表 11-3 可以得到不同控制方式时的控制值，常用的三种控制值分别为正转运行（16#047F）、反转运行（16#0C7F）和停止运行（16#047E）。

2）ZSW1 状态字见表 11-4。

表 11-4　ZSW1 状态字

控制字位	数值	含义	参数设置
0	0	OFF1 停车（P1121 斜坡）	P840=r2090.0
	1	起动	
1	0	OFF2 停车（自由停车）	P844=r2090.1
2	0	OFF3 停车（P1135 斜坡）	P848=r2090.2
3	0	脉冲禁止	P852=r2090.3
	1	脉冲使能	

（续）

控制字位	数值	含义		参数设置
4	0	斜坡函数发生器禁止		P1140=r2090.4
	1	斜坡函数发生器使能		
5	0	斜坡函数发生器冻结		P1141=r2090.5
	1	斜坡函数发生器开始		
6	0	设定值禁止		P1142=r2090.6
	1	设定值使能		
7	1	上升沿故障复位		P2103=r2090.7
8	—	未用		—
9	—	未用		—
10	0	不由 PLC 控制（过程值被冻结）		P854=r2090.10
	1	由 PLC 控制（过程值有效）		
11	1	—	设定值反向	P1113=r2090.11
12	—	未用		—
13	1	—	MOP 升速	P1035=r2090.13
14	1	—	MOP 降速	P1036=r2090.14
15	1	CDS 位 0	未使用	P810=r2090.15

3）NSOLL_A 控制字为速度设定值。

4）NIST_A_GLATT 状态字为速度实际值。

速度设定值和实际值要经过标准化，变频器接收十进制有符号整数 16384(H4000 十六进制)对应于 100% 的速度，接收的最大速度为 32767（200%）。

PLC 通过 PROFINET PZD 通信方式将控制字 1(STW1）和主设定值（NSOLL_A）周期性地发送至变频器，变频器将状态字 1（ZSW1）和实际转速（NIST_A）发送到 PLC。PLC 与变频器数据传输地址见表 11-5。

表 11-5　PLC 与变频器数据传输地址

数据方向	PLC I/O 地址	变频器过程数据
PLC→变频器	QW100	PZD1 – 控制字 1（STW1）
	QW102	PZD2 – 主设定值（NSOLL_A）
变频器→PLC	IW100	PZD1 – 状态字 1（ZSW1）
	IW102	PZD2 – 实际转速（NIST_A）

四、工作任务

任务名称	任务 11-1：智能控制面板 IOP 手动控制 G120 变频器运行	
小组成员	组长：　　　　　　　　　　成员：	
任务环境	主要设备 / 材料	主要工具
	1）SCE-PLC01 实训装置（电源模块、G120 变频器单元、三相异步电动机） 2）计算机 3）连接导线 4）A4 纸	1）铅笔（2B） 2）直尺（300mm） 3）绘图橡皮 4）万用表
参考资料	教材、PLC 1200 技术手册、G120 变频器技术手册、SCE-PLC01 PLC 控制技术实训装置使用手册	
任务要求	1）按任务需求制订工作方案 2）按照工作方案完成硬件接线 3）使用智能控制面板 IOP 设置变频器参数，并手动控制 G120 变频器运行 4）完成评价，反思不足 5）规范操作，确保工作安全和设备安全 6）记录工作过程，进行学习总结和学习反思 7）注重团队合作，组内协助工作 8）保持工作环境整洁，形成良好的工作习惯	
工作过程	1）小组讨论，确定人员分工，小组协作完成工作任务 2）查阅资料，讨论确定工作方案，包含硬件接线图、智能控制面板 IOP 设置变频器参数步骤、运行控制步骤等 3）按规范使用导线将 G120 变频器单元、三相异步电动机、电源模块连接在一起 4）合闸送电，观察 G120 变频器单元、三相异步电动机运行是否正常，如有故障应尽快停电检修线路 5）使用智能控制面板 IOP 设置变频器参数 6）手动控制 G120 变频器运行 7）按照检查表，检查安装成果是否达标 8）小组讨论，总结学习成果，反思学习不足 9）工作结束，整理保存相关资料 10）清理工位，复原设备模块，清扫工作场地	
注意事项	1）规范操作，确保人身安全和设备安全 2）仔细核对，杜绝因电源接入错误造成不可逆转的严重后果 3）合作学习，注重团队协作，分工配合共同完成工作任务 4）分色接线，便于查故检修，降低误接事故概率 5）及时整理，保持环境整洁，保证实训设备持续稳定使用	

任务名称	任务 11-2：PLC 通过 Profinet 通信报文控制 G120 变频器运行	
小组成员	组长：　　　　　　　　　　　成员：	
任务环境	主要设备 / 材料	主要工具
	1）SCE-PLC01 实训装置（电源模块、PLC 模块、G120 变频器单元、三相异步电动机、电动机控制模块、交换机单元） 2）计算机 3）网线、连接导线 4）A4 纸	1）铅笔（2B） 2）直尺（300mm） 3）绘图橡皮 4）万用表
参考资料	教材、PLC 1200 技术手册、G120 变频器技术手册、SCE-PLC01 PLC 控制技术实训装置使用手册	
任务要求	1）按任务需求制订工作方案 2）按照工作方案完成硬件接线 3）在软件中完成硬件组态，进行程序调试 4）完成评价，反思不足 5）规范操作，确保工作安全和设备安全 6）记录工作过程，进行学习总结和学习反思 7）注重团队合作，组内协助工作 8）保持工作环境整洁，形成良好的工作习惯	
工作过程	1）小组讨论，确定人员分工，小组协作完成工作任务 2）查阅资料，讨论确定工作方案，包含 I/O 分配表、硬件接线图、PLC 控制程序等 3）根据任务需求，按规范使用导线将 PLC 模块、G120 变频器单元、三相异步电动机、电源模块连接在一起 4）使用网线将 PLC 模块、G120 变频器单元、计算机接入交换机单元 5）根据要求合理设定 PLC、G120、计算机的 IP 地址 6）合闸送电，观察 PLC、G120、交换机单元运行指示灯是否正常，如有故障应尽快停电检修线路 7）在 Portal 软件中完成硬件组态，输入 PLC 控制程序 8）下载程序，测试结果 9）按照检查表，检查安装成果是否达标 10）小组讨论，总结学习成果，反思学习不足 11）工作结束，整理保存相关资料 12）清理工位，复原设备模块，清扫工作场地	
注意事项	1）规范操作，确保人身安全和设备安全 2）仔细核对，杜绝因电源接入错误造成不可逆转的严重后果 3）合作学习，注重团队协作，分工配合共同完成工作任务 4）分色接线，便于查故检修，降低误接事故概率 5）及时整理，保持环境整洁，保证实训设备持续稳定使用	

"可编程控制技术"课程学习结果检测表

任务名称	任务 11-1：智能控制面板 IOP 手动控制 G120 变频器运行	
检测内容		**是否达标**
项目设计	根据任务要求画出硬件接线图	
	根据任务要求制订出智能控制面板 IOP 设置变频器参数的步骤	
	根据任务要求制订出手动控制 G120 变频器运行的步骤	
硬件接线	G120 变频器单元正确接入电源输入 L1、L2、L3、PE 端	
	G120 变频器单元正确接好输出 U2、V2、W2、PE 端	
	三相异步电动机台阶插座接入正确	
	L1、L2、L3、U2、V2、W2 接线选用红色线	
	PE 接线选用黄色线	
	根据 G120 变频器单元输入 / 输出的不同，选用正确线径的导线进行接线，且线路布设整齐	
IOP 面板操作	使用 IOP 面板对 G120 变频器进行恢复出厂设置	
	使用 IOP 面板正确设置 G120 变频器的应用等级、电动机数据等	
	根据电动机铭牌输入正确的电动机频率、电压、电流、额定功率、电动机转速等	
	设置正确的最大转速、最小转速、斜坡上升时间和斜坡下降时间等	
	设置完成并保存成功，无报错提醒	
结果调试	切换手动模式，按下绿色起动按钮，电动机起动运行	
	旋动旋钮，电动机速度有变化	
	按下红色停止按钮，电动机停止运行	

"可编程控制技术"课程学习结果检测表

任务名称	任务 11-2：PLC 通过 Profinet 通信报文控制 G120 变频器运行	
检测内容		是否达标
项目设计	根据任务要求制订出正确的 PLC I/O 分配表	
	根据任务要求画出硬件接线图	
	根据任务要求设计 PLC 控制程序	
硬件接线	G120 变频器单元正确接入电源输入 L1、L2、L3、PE 端	
	G120 变频器单元正确接好输出 U2、V2、W2、PE 端	
	三相异步电动机台阶插座接入正确	
	L1、L2、L3、U2、V2、W2 接线选用红色线	
	PE 接线选用黄色线	
	根据 G120 变频器单元输入 / 输出的不同选用正确线径的导线进行接线	
	使用网线将 PLC、G120、计算机接入交换机单元	
	PLC、交换机单元红色台阶插座插接 24V	
	PLC、交换机单元黑色台阶插座插接 0V	
	PLC 的 1L、3L 端子插接 24V	
	PLC 的 1M、3M 端子插接 0V	
	所有接入"24V"端的线均选用红色线，"0V"端的线选用黑色线	
	正确将电动机控制模块的按钮接入 PLC 输入	
	级联接入统一接线端的线路数量均不超过 2 条，线路布设整齐	
软件操作	正确设置计算机、PLC、G120 的 IP 地址	
	正确选择 PLC 的 CPU、信号板、信号模块的型号和订货号	
	正确选择组态中 G120，更改其名称和 IP 地址	
	网络视图中 PLC 与 G120 的 PN/IE 连接正确	
	程序无编译错误提示，梯形图表达正确，画法规范，指令正确	
	PLC、G120 下载提示成功，转在线全绿	
结果调试	按下起动按钮，系统开始运行	
	系统延时 5s 后电动机以 25Hz 速度转动（5～20s），电动机以 50Hz 速度转动（20～40s），电动机以 30Hz 速度转动（40～50s），电动机以 10Hz 速度转动（50～60s），60s 电动机停止，5s 后循环	
	按下停止按钮，系统复位，电动机停止转动	

<table>
<tr><td colspan="5" align="center">"可编程控制技术"课程学习学生工作记录页</td></tr>
<tr><td align="center">任务名称</td><td colspan="4" align="center">任务 11-1：智能控制面板 IOP 手动控制 G120 变频器运行</td></tr>
<tr><td align="center">组别</td><td colspan="2" align="center">工位</td><td colspan="2" align="center">姓名</td></tr>
<tr><td align="center">第　　组</td><td colspan="2"></td><td colspan="2"></td></tr>
<tr><td rowspan="13" align="center">工作
过程</td><td colspan="4" align="center">1.资讯（知识点积累、资料准备）</td></tr>
<tr><td colspan="4"></td></tr>
<tr><td colspan="4" align="center">2.计划（制订计划）</td></tr>
<tr><td colspan="4"></td></tr>
<tr><td colspan="4" align="center">3.决策（分析并确定工作方案）</td></tr>
<tr><td colspan="4"></td></tr>
<tr><td colspan="4" align="center">4.实施</td></tr>
<tr><td colspan="4"></td></tr>
<tr><td colspan="4" align="center">5.检测</td></tr>
<tr><td align="center">结果
观察</td><td colspan="3"></td></tr>
<tr><td rowspan="3" align="center">缺陷与
改进</td><td align="center">序号</td><td align="center">故障现象</td><td align="center">原因分析</td><td align="center">是否解决</td></tr>
</table>

序号	故障现象	原因分析	是否解决
1			
2			

6.评价				
小组 自评	完成情况	□优秀	□良好　□合格	□不合格
	效果评价	□非常满意	□满意　□一般	□需改进
教师 评价	评语			
	综评等级	□优秀	□良好　□合格	□不合格

总结反思	

"可编程控制技术"课程学习学生工作记录页

任务名称	任务 11-2：PLC 通过 Profinet 通信报文控制 G120 变频器运行		
组别	工位		姓名
第　　组			

<table>
<tr><td rowspan="20">工作
过程</td><td colspan="5">1. 资讯（知识点积累、资料准备）</td></tr>
<tr><td colspan="5"></td></tr>
<tr><td colspan="5">2. 计划（制订计划）</td></tr>
<tr><td colspan="5"></td></tr>
<tr><td colspan="5">3. 决策（分析并确定工作方案）</td></tr>
<tr><td colspan="5"></td></tr>
<tr><td colspan="5">4. 实施</td></tr>
<tr><td colspan="5"></td></tr>
<tr><td colspan="5">5. 检测</td></tr>
<tr><td rowspan="2">结果
观察</td><td colspan="4"></td></tr>
<tr><td colspan="4"></td></tr>
<tr><td rowspan="3">缺陷与
改进</td><td>序号</td><td>故障现象</td><td>原因分析</td><td>是否解决</td></tr>
<tr><td>1</td><td></td><td></td><td></td></tr>
<tr><td>2</td><td></td><td></td><td></td></tr>
<tr><td colspan="5">6. 评价</td></tr>
<tr><td rowspan="2">小组
自评</td><td>完成情况</td><td colspan="3">□优秀　　□良好　□合格　□不合格</td></tr>
<tr><td>效果评价</td><td colspan="3">□非常满意　□满意　□一般　□需改进</td></tr>
<tr><td rowspan="2">教师
评价</td><td>评语</td><td colspan="3"></td></tr>
<tr><td>综评等级</td><td colspan="3">□优秀　　　□良好　□合格　□不合格</td></tr>
</table>

总结反思	

项目小结

本项目主要介绍了 G120 变频器、使用智能控制面板 IOP 设置 G120 变频器的步骤、如何操作 G120 变频器进行手动运行；介绍了基于 Portal 软件下 G120 变频器的组态及应用，明确了典型工业场景下 PLC 与 G120 配合使用，控制三相异步电动机调速运行的方法。

 习题检测

1. 选择题

1-1 G120 变频器主要由（   ）和功率模块两部分组成。

A. 输入模块   B. 输出单元   C. 控制单元   D. CPU 单元

1-2 变频器 IOP 面板上，在手动模式下，（   ）可以对电动机的运行速度进行控制。

A. ▮   B. HAND AUTO   C. OK   D. O

1-3 G120 通信报文中，（   ）控制字为正转起动。

A. H047F   B. H0C7F   C. H047E   D. H0C7E

1-4 变频器接收十进制有符号整数 16384，十六进制的（   ），为对应于100% 的速度。

A. H4000   B. H3000   C. H2000   D. H1000

2. 简答题

2-1 什么是变频器？常用的西门子变频器型号有哪些？

2-2 简述使用智能控制面板 IOP 设置 G120 变频器的步骤。

项目 12

变频调速控制系统的组装与调试

一、学习目标

1. 认知工业综合控制系统的基本构成。

2. 在 Portal 软件中实现 PLC 与变频器、HMI 的多器件组态。

3. 完成变频调速综合应用系统硬件接线。

4. 强化变频器、HMI 的使用方法和使用技巧。

5. 在 Portal 软件中正确配置 G120 通信报文，能操作使用 HMI 指令器件并设置、连接 PLC 变量参数，

6. 在 Portal 软件中编写控制程序，实现通过 HMI 控制电动机的起停及正反转，并在触摸屏上显示电动机的实际运行参数和运行状态。

7. 重视操作安全，注重团队协作。

8. 主动总结反思，持续改进提升，培养热爱科学、积极创新的精神。

二、项目描述

某公司需要设计一套 HMI、S7-1200 PLC 控制 G120 变频器，实现对三相异步电动机的基本控制。要求满足低成本、高质量、快节奏的生产工艺要求，可以通过 HMI 控制电动机的起停及正反转，并能在 HMI 上显示电动机的实际运行参数和运行状态，具体设计要求如下：

1）在触摸屏上输入电动机转速的设定值，并具有控制电动机正反转和起停功能。

2）若变频器运行时出现故障，通过触摸屏的命令按钮能复位故障。

3）在触摸屏上能实时显示变频器当前实际的转速、电压、电流、功率和温度。

4）在触摸屏上显示变频器当前的运行状态。

三、相关知识和关键技术

3.1 相关知识

3.1.1 工业综合控制系统概述

工业综合控制系统是指对工业生产过程及机电设备、工艺装备进行测量与控制

的自动化技术工具（包括自动测量仪表、控制装置）的总称。工业自动化系统按照其构成的软、硬件可分为自动化设备、仪器仪表与测量设备、自动化软件、传动设备、计算机硬件、通信网络等。

1）自动化设备：包括 PLC、传感器、编码器、HMI、开关、断路器、按钮、接触器、继电器等工业电器及设备。

2）仪器仪表与测量设备：包括压力仪器仪表、温度仪器仪表、流量仪器仪表、物位仪器仪表、阀门等设备。

3）自动化软件：包括计算机辅助设计与制造系统（CAD/CAM）、工业控制软件、网络应用软件、数据库软件、数据分析软件等。

4）传动设备：包括变频器、伺服系统、运动控制、电源系统、电动机等。

5）计算机硬件：包括嵌入式计算机、工业计算机、工业控制计算机等。

6）通信网络：网络交换机、视频监视设备、通信连接器、网桥等。

可见，在典型的工业综合控制系统中，PLC、变频器、HMI 为其核心装置，本项目将选用 PLC、变频器、HMI、工业计算机和网络交换机等组成变频调速综合应用系统进行探索学习。

3.1.2　变频调速综合应用系统分析

本控制系统的核心元器件是 S7-1200 PLC、HMI 和 G120 变频器，三者之间采用以太网通信，选用小型交换机构建一个局域网，实现三者之间的通信，还需要一台能与三者通信的计算机进行控制，如图 12-1 所示。

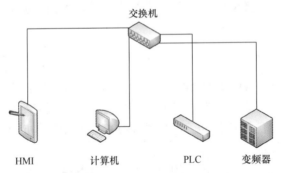

图 12-1　变频调速综合应用系统拓扑图

根据控制系统的要求，需要完成以下操作和设计：

1）首先，本项目通过 S7-1200 PLC 与变频器的以太网通信，由 S7-1200 PLC 控制 G120 变频器的运行。

2）通过 Portal 软件平台将电动机的控制信息和额定参数设置到 G120 变频器中，以实现变频器对电动机的基本控制。

3）通过触摸屏与 S7-1200 PLC 的以太网通信，一方面将电动机运行控制命令及速度设定值通过触摸屏传输到 PLC，再由 PLC 控制变频器运行；另一方面，触摸屏上显示 PLC 读取的变频器输出的实际转速、电压、电流等参数。

3.2　关键技术

3.2.1　硬件组态

　　PLC、HMI、G120 和计算机之间采用了以太网进行通信连接，需要借助交换机进行以太网连接，四者需要在同一个网段，且不重复，需提前设置计算机 IP 地址为"192.168.0.111"，子网掩码为"255.255.255.0"。PLC 设置其 IP 地址为"192.168.0.1"，子网掩码为"255.255.255.0"。HMI 设置其 IP 地址为"192.168.0.2"，子网掩码为"255.255.255.0"。G120 设置其 IP 地址为"192.168.0.3"，子网掩码为"255.255.255.0"，如图 12-2 所示。

　　创建新项目，组态 PLC 和 HMI，PLC 和 HMI 的组态之前已经详细介绍过了，这里不再重复，下面详细介绍 G120 的组态，采用的是选择控制单元和功率模块的方法组态。

图 12-2　硬件组态

　　1）选择项目视图，在项目树中双击"添加新设备"，选择"驱动器和起动器"→"SINAMICS 驱动"→"SINAMICS G120"→"控制单元"→"CU250S–2 PN Vector"，单击"确定"按钮完成添加，如图 12-3 所示。

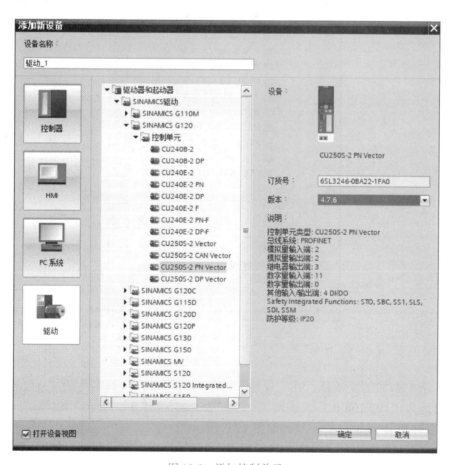

图 12-3　添加控制单元

2）在"设备视图"→"硬件目录"中添加相应的功率模块，选择"功率单元"→"PM240-2"→"3AC 380-480V"→"FSA"→"IP20 U 400V 0.75kW"，单击添加，如图 12-4 所示。

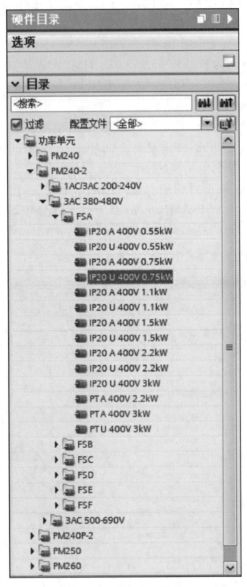

图 12-4　添加功率模块

3）选中添加的变频器，在"属性"→"常规"中修改其名称为"g120"，修改其 IP 地址为"192.168.0.3"，子网掩码为"255.255.255.0"，要与"在线访问"中变频器的名称和 IP 地址保持一致，如图 12-5 所示。

4）将 G120 添加至之前建立的"PN/IE_1"子网中，完成组态，如图 12-6 所示。

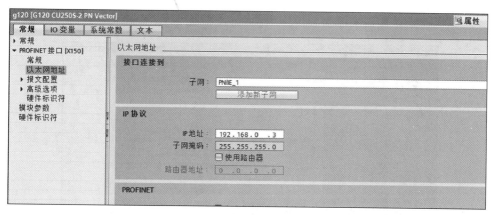

图 12-5　修改 IP 地址

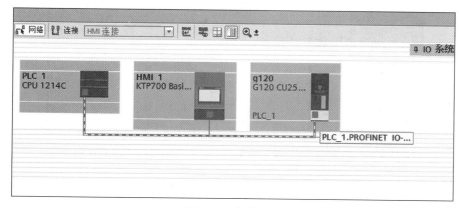

图 12-6　完成组态

3.2.2　变频器参数设定

项目 11 中介绍了 IOP 面板控制参数设定的步骤方法，本项目将介绍在 Portal 软件中进行变频器参数设定的方法，选择"调试"选项，选中"调试向导"，如图 12-7 和图 12-8 所示。

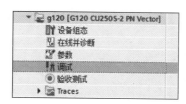

图 12-7　调试界面

图 12-8　调试向导

1）应用等级设置，标准驱动模式，如图 12-9 所示。

图 12-9　应用等级设置

2）设定值指定设置，如图 12-10 所示。

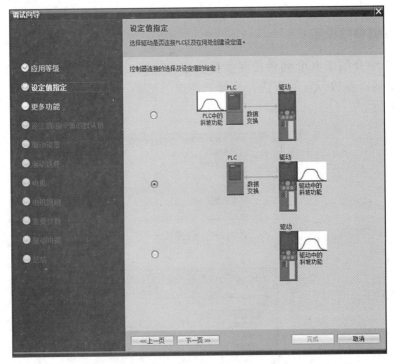

图 12-10　设定值指定设置

3）更多功能设置，如图 12-11 所示。

图 12-11　更多功能设置

4）设定值 / 指令源的默认值设置为现场总线，如图 12-12 所示。

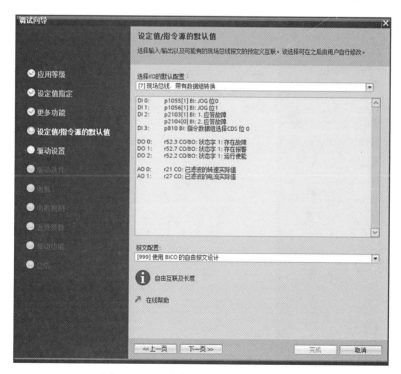

图 12-12　设定值 / 指令源的默认值设置

5）驱动设置为 IEC 电机（50Hz），如图 12-13 所示。

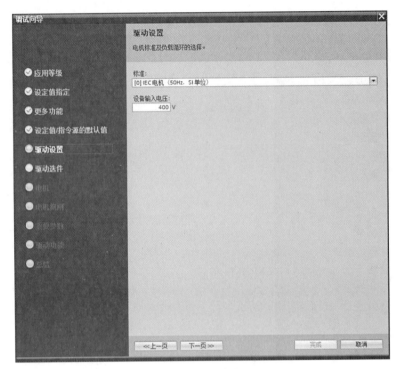

图 12-13　驱动设置

6）驱动选件设置，如图 12-14 所示。

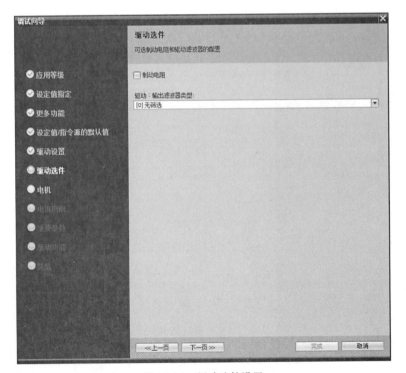

图 12-14　驱动选件设置

7）电动机选择异步电机，输入电机数据，如图 12-15 所示。

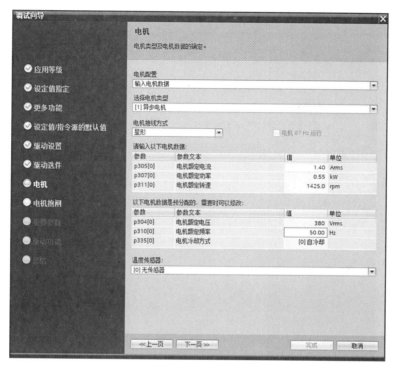

图 12-15　电机设置

8）电机抱闸设置，如图 12-16 所示。

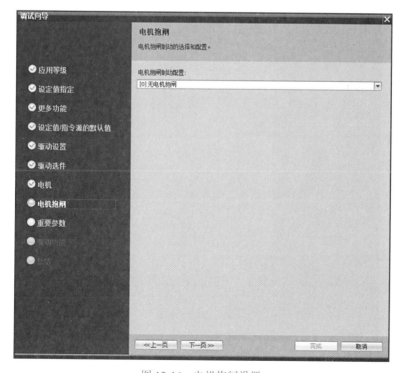

图 12-16　电机抱闸设置

9）重要参数设置：设置参考转速、最大转速、斜坡上升时间、斜坡下降时间等数据，如图 12-17 所示。

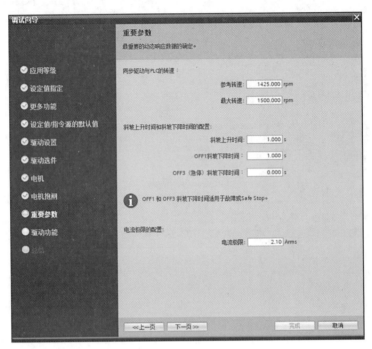

图 12-17　重要参数设置

10）驱动功能设置：设置为线性特性曲线，如图 12-18 所示。

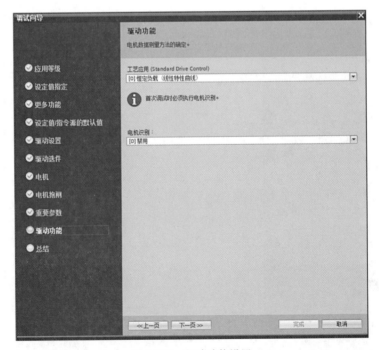

图 12-18　驱动功能设置

11）最终的总结数据，如图 12-19 所示，单击"完成"按钮，完成设置。

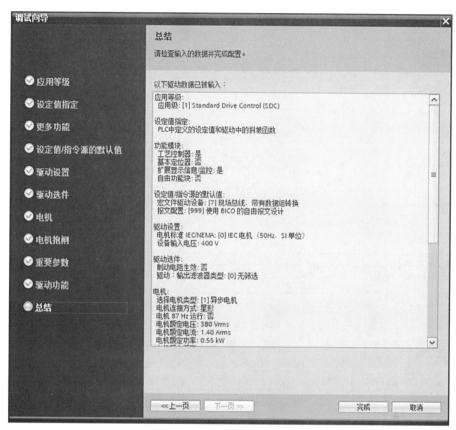

图 12-19　总结数据

3.2.3　报文配置

1. 配置 G120 的报文

在项目树中展开 g120，双击"设备组态"，在 g120 的"属性"→"常规"中选择报文配置一项，选用"自由报文"，然后将扩展长度改为 8，即 PLC 将与 g120 周期性发送长度为 8/8 字节的数据，数据存放在 PLC 的数据区 I256 ～ I271 和 Q256 ～ Q271 中，两者相互对应，完成报文的周期性通信，如图 12-20 和图 12-21 所示。

自由报文 999 通信中，PLC 发送的数据为控制字 1 和转速设定值，接收的数据为状态字 1 和 2051 单元的数据，本项目需要设置的自由报文结构见表 12-1。

2. G120 变频器参数设置

根据本项目任务需求，需要在触摸屏上显示电动机的实际运行参数和运行状态等。故在之前设置的基础上增加以下设置，以实现对自由报文格式的定义。

1）选择 G120 变频器，在下拉菜单中双击"参数"，如图 12-22 所示。

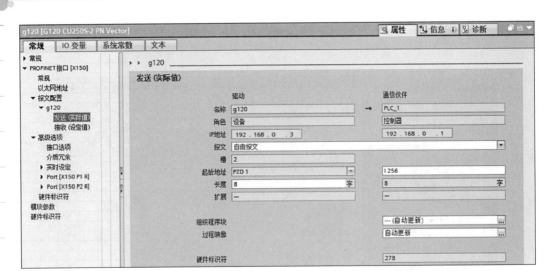

图 12-20　G120 变频器发送报文配置

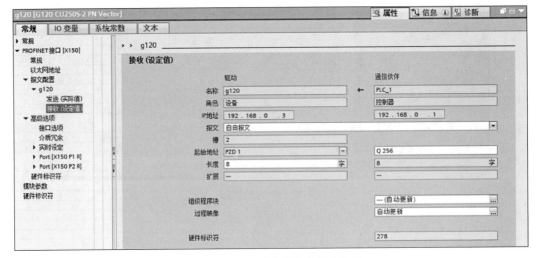

图 12-21　G120 变频器接收报文配置

表 12-1　本项目的自由报文 999 通信表

控制字	控制字 1	设定转速	—	—	—	—	—	—
状态字	状态字 1	实际转速	实际电流	实际电压	实际功率	实际温度	—	—

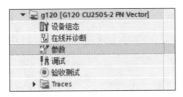

图 12-22　G120 变频器参数配置

2）选择"通信"→"接收方向"进行如下设置，如图 12-23 ～图 12-25 所示。

图 12-23　G120 通信→接收方向

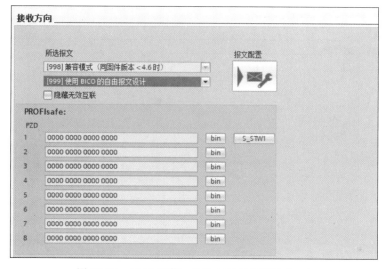

图 12-24　G120 通信→接收方向报文配置（一）

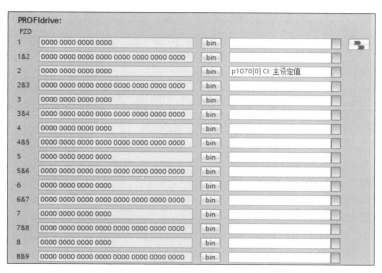

图 12-25　G120 通信→接收方向报文配置（二）

3）选择"通信"→"发送方向"进行如下设置：设置 PZD2 为 r21 CO：已滤波

的转速实际值；PZD3 为 r27 CO：已滤波的电流实际值；PZD4 为 r25 CO：已滤波的输出电压；PZD5 为 r32 CO：已滤波的有功功率；PZD6 为 r35 CO：电机温度，如图 12-26 ～图 12-28 所示。

图 12-26　G120 通信→发送方向

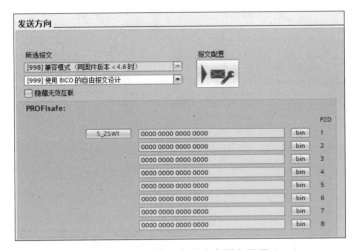

图 12-27　G120 通信→发送方向报文配置（一）

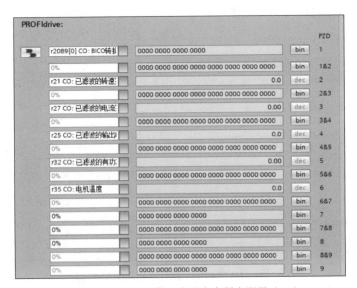

图 12-28　G120 通信→发送方向报文配置（二）

4）继续选择"参数"→"基本设置"→"参考值"，设置通用参考参数，如图 12-29 所示。

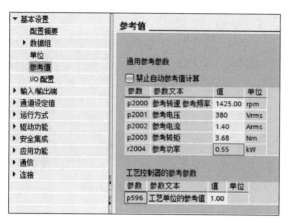

图 12-29　通用参考参数设置

3.2.4　标定值与实际物理值

电动机的转速设定值是一个实数，而输入到变频器的值是标定值范围，为 0 ～ 4000（十六进制），十六进制 4000 对应的十进制数值为 16384。因此，需要将一个实际的物理量转换为数值范围为 0 ～ 4000（十六进制）的标定值，标定值 =（设定值 × 16384.0）/ 最大值。

同理，从变频器输出的是一个标定值，必须转换为实际的物理值，再显示在触摸屏上。

3.2.5　HMI 画面设计

HMI 的画面组态分为两个区，上方为状态区，下方为控制区。在控制区，有文本域，如"转速设定值""r/m"；有输入 / 输出域，用于输入转速的设定值；有 4 个命令按钮，分别为"正转""反转""复位""停止"。在状态区，有若干个文本域，分别为转速、电压、电流、功率、温度及对应的单位等；5 个输入 / 输出域，用于显示电动机的转速、电压、电流、功率和温度；两个圆的图形元素，用于显示运行状态和错误状态，如图 12-30 所示。

控制区命令按钮"正转""反转""复位""停止"分别连接 PLC 的启动 HMI、反转 HMI、故障复位 HMI 和停止 HMI 变量。在按钮的事件中，"按下"事件使对应的变量置位，"释放"事件使对应的变量复位。控制区的速度设定值输入 / 输出域连接 PLC 的设定转速。状态区的转速、电压、电流、功率和温度，输入 / 输出域分别连接 PLC 的实际转速、实际电流、实际电压、实际功率和实际温度，用于显示变频器实际的输出参数值。

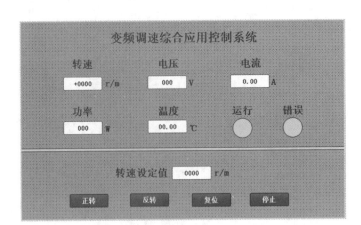

图 12-30　HMI 画面设计

变频器的运行状态和错误状态都用圆的图形元素来表示，选择"动画"选项卡中的"显示"，设置其外观。"运行"连接 PLC 的运行状态 HMI 变量，值为"0"，背景为白色；值为"1"，背景为绿色。"错误"连接 PLC 的错误状态 HMI 变量，值为"0"，背景为白色；值为"1"，背景为红色，见表 12-2。

表 12-2　HMI 画面设计

对象类型	文本属性	连接的 PLC 变量	属性 / 动画 / 事件	
命令	正转	启动 HMI	事件	按下，变量置位；释放，变量复位
	反转	反转 HMI		按下，变量置位；释放，变量复位
	复位	故障复位 HMI		按下，变量置位；释放，变量复位
	停止	停止 HMI		按下，变量置位；释放，变量复位
输入 / 输出域	转速	实际转速	属性（常规）	输出变量，十进制显示格式 s9999
	电压	实际电压		输出变量，十进制显示格式 999
	电流	实际电流		输出变量，十进制显示格式 9.99
	功率	实际功率		输出变量，十进制显示格式 999
	温度	实际温度		输出变量，十进制显示格式 99.99
	转速设定值	实际转速		输出变量，十进制显示格式 9999
圆	运行	运行状态 HMI	动画（显示、外观）	0= 背景为白色；1= 背景为绿色
	错误	错误状态 HMI		0= 背景为白色；1= 背景为红色

四、工作任务

任务名称	设计与调试变频调速综合应用系统	
小组成员	组长：　　　　　　　　　　　　成员：	
	主要设备／材料	主要工具
任务环境	1）SCE-PLC01 实训装置（电源模块、PLC、G120 变频器、三相异步电动机、电动机控制模块、HMI 触摸屏单元、交换机单元） 2）计算机 3）网线、连接导线、A4 纸	1）铅笔（2B） 2）直尺（300mm） 3）绘图橡皮 4）万用表
参考资料	教材、PLC 1200 技术手册、G120 变频器技术手册、KTP700 触摸屏技术手册、SCE-PLC01 PLC 控制技术实训装置使用手册	
任务要求	1）按任务需求制订工作方案 2）按照工作方案完成硬件接线 3）使用 Portal 软件设置变频器参数，在软件中完成硬件组态、报文配置、程序编写，进行程序调试 4）规范操作，确保工作安全和设备安全 5）记录工作过程，进行学习总结和学习反思 6）注重团队合作，组内协助工作 7）保持工作环境整洁，养成良好的工作习惯	
工作过程	1）小组讨论，确定人员分工，小组协作完成工作任务 2）查阅资料，讨论确定工作方案，包含 I/O 分配表、硬件接线图、Portal 软件平台设置变频器参数步骤、报文配置方案、PLC 控制程序等 3）根据任务需求按规范使用导线将 PLC 模块、HMI 触摸屏单元、G120 变频器单元、三相异步电动机、交换机单元、电源模块连接在一起 4）使用网线将 PLC、HMI、G120 变频器、计算机接入交换机单元 5）合闸送电，观察 PLC、HMI、G120、交换机单元运行指示灯是否正常，如有故障，应尽快停电检修线路 6）根据要求合理设定 PLC、HMI、G120、计算机的 IP 地址 7）使用 Portal 软件平台设置变频器参数 8）在 Portal 软件中完成硬件组态，并配置报文，输入 PLC 控制程序 9）下载程序测试结果现象 10）按照检查表，检查安装成果是否达标 11）小组讨论，总结学习成果，反思学习不足 12）工作结束，整理保存相关资料 13）清理工位，复原设备模块，清扫工作场地	
注意事项	1）规范操作，确保人身安全和设备安全 2）仔细核对，杜绝因电源接入错误造成不可逆转的严重后果 3）合作学习，注重团队协作，分工配合共同完成工作任务 4）分色接线，便于查故检修，降低误接事故概率 5）及时整理，保持环境整洁，保证实训设备持续稳定使用	

"可编程控制技术"课程学习结果检测表		
任务名称	设计与调试变频调速综合应用系统	
检测内容		是否达标
项目设计	根据任务要求制订出正确的 PLC I/O 分配表	
	根据任务要求画出硬件接线图	
	根据任务要求制订出智能控制面板 IOP 设置变频器参数的步骤	
	根据任务要求制订出报文配置方案	
	根据任务要求设计 PLC 控制程序	
硬件接线	G120 变频器单元正确接入电源输入端 L1、L2、L3、PE	
	G120 变频器单元正确接好输出端 U2、V2、W2、PE	
	三相异步电动机台阶插座接入正确	
	L1、L2、L3、U2、V2、W2 接线选用红色线	
	PE 接线选用黄色线	
	根据 G120 变频器单元输入 / 输出的不同选用正确线径的导线进行接线	
	使用网线将 PLC、G120、HMI、计算机接入交换机单元	
	PLC、HMI、交换机单元红色台阶插座插接 "24V" 端	
	PLC、HMI、交换机单元黑色台阶插座插接 "0V" 端	
	PLC 的 1L、3L 端子插接 "24V" 端	
	PLC 的 1M、3M 端子插接 "0V" 端	
	所有接入 "24V" 端的线均选用红色线, "0V" 端的线均选用黑色线	
	级联接入统一接线端的线路数量均不超过 2 条, 线路布设整齐	
软件操作	正确设置计算机、PLC、G120 的 IP 地址	
	正确选择 PLC 的 CPU、信号板、信号模块的型号和订货号	
	正确选择组态中 G120, 更改其名称和 IP 地址	
	正确选择组态中 HMI 的型号和订货号	
	网络视图中 PLC、HMI、G120 的 PN/IE 连接正确	
	G120 的报文配置正确	
	程序无编译错误提示, 梯形图表达正确, 画法规范, 指令正确	
	PLC、HMI、G120 下载提示成功, 转在线全绿	
结果调试	在触摸屏上输入电动机转速的设定值, 按下正转按钮, 电动机正向转动	
	在触摸屏上显示变频器当前的运行状态（转速、电压、电流、功率、温度）	
	按下停止按钮, 电动机停止转动	
	在触摸屏上输入电动机转速的设定值, 按下反转按钮, 电动机反向转动	
	在触摸屏上显示变频器当前的运行状态（转速、电压、电流、功率、温度）	
	按下停止按钮, 电动机停止转动	
	电动机运行时, 运行小灯长亮	
	变频器运行中出故障时, 故障小灯长亮	
	变频器运行中出故障时, 通过触摸屏的命令按钮能复位故障	

"可编程控制技术"课程学习学生工作记录页

任务名称	设计与调试变频调速综合应用系统		
组别	工位		姓名
第　　组			

工作过程		1.资讯（知识点积累、资料准备）			
		2.计划（制订计划）			
		3.决策（分析并确定工作方案）			
		4.实施			
		5.检测			
	结果观察				
	缺陷与改进	序号	故障现象	原因分析	是否解决
		1			
		2			
		6.评价			
	小组自评	完成情况　　□优秀　　　□良好　□合格　□不合格			
		效果评价　　□非常满意　□满意　□一般　□需改进			
	教师评价	评语			
		综评等级　　□优秀　　　□良好　□合格　□不合格			

总结反思	

本项目借助触摸屏实现电动机的起停及正反转控制，并在触摸屏上显示电动机的实际运行参数和运行状态；介绍了 S7–1200 PLC 与 G120 变频器的自由报文格式通信设计方法，并强化了变频器、HMI 的使用方法和使用技巧；介绍了工业综合控制系统的基本模型和实现方式，提升了 PLC 管理多器件系统的综合应用能力。

习题检测

1. 简答题

1-1 列举工业综合控制系统的构成。

1-2 简述标定值与实际物理值之间的关系。

1-3 在本项目自由报文格式通信中，IW256 为读取变频器的起始状态字，则 IW258、IW260、IW262、IW264 分别代表什么？

2. 拓展题

本项目为达到控制要求，使用 Portal 软件对变频器的各项参数进行了设定，请尝试使用 IOP 控制面板搜索参数值，进行报文类型、报文结构、变频器参数的设定。

参 考 文 献

[1] 廖常初 . S7-1200 PLC 应用教程 [M]. 2 版 . 北京：机械工业出版社，2020.

[2] 吴繁红 . 西门子 S7-1200 PLC 应用技术项目教程 [M]. 2 版 . 北京：电子工业出版社，2021.

[3] 陈丽，程德芳 . PLC 应用技术（S7-1200）[M]. 北京：机械工业出版社，2020.

[4] 赵丽君，路泽永 . S7-1200 PLC 应用基础 [M]. 北京：机械工业出版社，2021.